KB079867

읽어야 풀리는
수학

수학의 핵심은
독해력이다!

根っからの文系のためのシンプル數學發想術

읽어야 풀리는 수학

나가노 히로유키 지음
윤지희 옮김

어바웃어북

Contents

√Lesson 02

수학은 국어 시간에 공부해야 한다!

√Lesson 04
수학적 발상법 2 _ 순서를 지킨다

√Lesson 05
수학적 발상법 3 _ 변환한다

PROLOGUE
프.롤.로.그

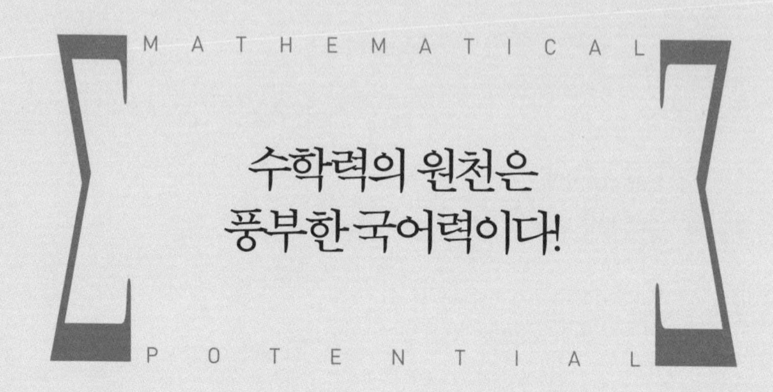

수학력의 원천은 풍부한 국어력이다!

:: 수학적 사고에 '재능'은 필요 없다!

"당신은 정말 '문과 체질'입니까?"

저는 수학 교사라는 직업 탓에 학생들의 진로 상담을 할 기회가 많습니다. 그 과정에서 "나는 수학(과학)을 잘 못하니까, 문과", "나는 국어(사회)를 잘 못하니까, 이과"처럼 단편적인 방식으로 진로를 결정하는 학생과 부모님을 자주 만납니다. 우리 교육 현장을 지배하고 있는 '수학'이라는 학문에 대한 다수의 잘못된 선입견은 수학 교육자의 한 사람으로서 너무 안타까운 부분입니다.

문과와 이과에 대한 구분은 흥미가 있는 분야를 알고자 함이지, 특정 분야를 잘 못하는 것을 확정하기 위한 것은 아닙니다. 저는 진로 상담을 할 때 항상 "학생의 꿈은 무엇이죠?", "학생이 좋아하는 과목은 무엇인가요?"라고 먼저 물어봅니다. 그 후에 어느 대학의 어떤 학과가 좋은지를 함께 생각합니다. 문과와 이과로 진로의 방향성을 고민하는 과정에서 특정 학문을 '잘 못하니까' 피하려 한다는 생각이 들지 않도록 배려합니다.

여러분은 어떠셨나요? 만약 여러분이 장래의 꿈이나 좋아하는 과목을 기준으로 문과를 선택했다면, 수학을 잘하고 못하고는 진로 선택에 별다른 영향을 끼치지 않았을 것입니다. 어쩌면 문과지만 수학을 잘했을 수도 있겠지요. 적어도 '문과'이기 때문에 수학에 콤플렉스가 있지는 않았을 것입니다. 여러분이 그런 진짜 의미에서의 '문과'라면 이 책은 그다지 도움이 되지 않을 것입니다(그래도 한 번쯤 재미삼아 읽어보기 바랍니다).

하지만 여러분이 '수포자'(수학을 포기한 자) 즉, 수학은 보기도 듣기도 싫어서 문과를 선택했다면 이야기는 달라집니다. 여러분은 지금까지 '문과형 인간'에 대한 그릇된 이미지를 머릿속에 심어 놓고, '나는 문과니까 수학을 못 해'라고 단정 짓고 있었던 것입니다.

여러분이 이 책을 보고 있다는 것은 다음과 같은 사실을 증명합니다. '어떤 사물이나 현상을 수학적으로 생각할 수 있다면 일에서나 생활할 때 도움을 받겠지'라고 이미 수학적 사고가 주는 장점을 누구보다 잘 알고 있다는 것입니다. 분명, 수학적 발상은 삶을 편리하게 그리고 논리적으로, 또는 창조적으로 만들어줍니다. 이러한 사실을 잘 알고 있으면서도 '어차피 나

여러분에게 '수학'은 '성취감'을 경험하게 해준 학문이었는가, '좌절감'을 느끼게 한 학문이었는가?

는 재능이 없어서 무리야!'라고 포기해 버리는 것은 너무나 안타까운 일입니다.

하지만 안심하세요. 이 책은 그런 여러분을 위해 집필했습니다. 제일 먼저 강조하고 싶은 것은 사물이나 현상을 수학적으로 생각하기 위해 '재능'은 필요 없다는 사실입니다. 수학자가 되어 전 세계 수학계를 이끌고 싶다면 또 몰라도, 일상생활에서 수학을 활용하는 데 특별한 재능이 요구되는 경우는 전혀 없습니다.

이제 이 책을 읽으면 여러분도 분명히 이 세상 모든 것을 수학적으로 생각할 수 있게 됩니다. "문과니까 수학을 잘 못한다"라는 말에서 '~하니까'라는 단어의 앞뒤는 아무런 인과관계가 없다는 것을 알게 될 것입니다. 그리고 여러분은 "수학을 잘 못해서 문과를 선택했다"가 아니라 "많은 교과목 중에서 특히 문과 과목을 좋아했기 때문에 문과를 선택했다"라고 자신 있게 말할 수 있게 될 것입니다.

:: 수학을 왜 배워야 하는가?

수학을 어려워하는 사람은 학교에 다닐 때 '왜 수학처럼 재미없는 과목을 공부해야 하는 거지?'라고 원망해본 경험이 있을 것입니다. '국어'나 '영어'는 아무리 어려워도 그것을 배우는 의미에 의문을 가지는 사람이 거의 없습니다. 반면 '수학'은 많은 학생에게 있어서 배우는 의미를 알 수 없는 과목입니다. 이와 관련하여 제가 항상 인용하는 아인슈타인(Albert Einstein)의 말을 소개합니다.

"교육이란 학교에서 배운 모든 것을 다 잊어버린 후에, 자신의 내면에 남는 것을 말한다. 그리고 그 힘을 사회가 직면하는 모든 문제를 해결하는 데 사용하기 위해 스스로 생각하고 행동할 수 있는 인간을 만드는 것이다."

사회인이 되면 이차방정식을 풀거나, 벡터의 내적(內積)을 계산하거나, 미분 등을 할 기회는 거의 없을 것입니다. 만약 수학이 이러한 계산 기술을 배우기 위해서만 존재한다면 분명 대다수 사람에게 있어서 수학을 배우는 것은 쓸모없는 일일 것입니다. 처음부터 이런 기술을 필요로 하는 직업을 갖는 사람에 한해서 계산 기술을 전문적으로 가르치면 됩니다. 그런데 실제로는 많은 나라의 의무 교육 커리큘럼에 수학이 꼭 들어가 있습니다. 왜 그럴까요?

"교육이란 학교에서 배운 모든 것을 다 잊어버린 후에, 자신의 내면에 남는 것을 말한다. 그리고 그 힘을 사회가 직면하는 모든 문제를 해결하는 데 사용하기 위해 스스로 생각하고 행동할 수 있는 인간을 만드는 것이다."

_ **아인슈타인** Albert Einstein

수학은 사물이나 현상을 논리적으로 생각하는 힘을 기르기 위해서 배우는 것이기 때문입니다. 이차방정식도 벡터도 논리력을 키우기 위한 재료에 불과합니다. '논리적으로 생각하는 힘'이 문과와 이과 구별 없이 모든 사람이 길러야 하는 힘이라는데 이의를 제기하는 사람은 아마 없을 것입니다. 아인슈타인의 말처럼 수업시간에 배운 수많은 공식과 해법을 모두 잊어도 여전히 남는 문제 해결을 위한 접근 방법, 즉 논리력이야말로 우리가 수학 공부를 통해 얻을 수 있는 것입니다.

'세계화', '정보화'라는 단어로 대변되는 현대 사회에서 말하지 않고도 통하는 '환상의 호흡'은 이제 옛말이 되어가고 있습니다. 자라온 환경과 사고방식이 다른 사람들이 모여서 엄청난 양의 새로운 문제를 해결해 나가기 위해서는 타인의 생각을 이해하고 자기 생각을 타인에게 이해시킬 수 있는 표현력이 필요합니다. 아울러 어떠한 상황에서도 해결을 위해 한발 한발 나아갈 수 있는 추진력도 필요합니다. 논리력이 바로 이런 문제를 해결하는 힘입니다. 수학 공부의 필요성은 여기에 있습니다. 즉, 논리력을 향상하기 위해 누구나 반드시 수학을 배워야 합니다.

:: 국어를 잘하면 수학이 쉬워진다!

수학을 어려워했던 학생이 단기간에 수학 울렁증을 극복하고 뛰어난 성과를 보였던 사례들을 보면 공통점이 하나 있습니다. 그것은 바로 '국어력'(우리말을 잘 이해하고 표현할 수 있는 능력)이 뛰어나다는 점입니다. 특히 개요를 중심으로 문장을 잘 만들어가는 사람, 다른 사람이 한 말을 자신

수학은 사물이나 현상을 '논리적으로 생각하는 힘'을 기르기 위해 배우는 것이다.

의 말로 바꿀 수 있는 사람은 이미 대상을 논리적으로 생각하기 위한 기반이 충분히 마련되어 있습니다. 이런 사람들은 눈 깜짝할 사이에 수학력이 크게 성장합니다.

반면 국어력이 없는 학생은 대부분 제자리걸음입니다. 굳이 설명할 필요도 없지만, 인간은 사고(思考)할 때 언어를 사용합니다. 빈약한 어휘를 사용해서 힘 있는 논리를 쌓아나갈 수는 없습니다.

논점에서 살짝 빗나가는 이야기지만, 저는 산수나 수학의 조기 교육이나 선행 학습에 다분히 회의적입니다. 남보다 빨리 미분 계산을 할 수 있게 되었다고 해서 그것이 무슨 의미가 있을까요? 뉴턴(Isaac Newton)이나 라이프니츠(Gottfried Wilhelm Leibniz)가 어떤 필요 때문에 미분이라는 개념에 도달했는지, 그리고 그것이 얼마나 천재적인 위업인지를 느끼지 못한다면 미분을 배우는 의미는 없습니다. 어린아이에게 남보다 몇 년 앞서서 산수나 수학의 계산 연습을 마구잡이로 시키는 것보다는, 좀 더 많은 책을 읽히고 여러 가지 경험을 쌓아 호기심을 키워서 종합적인 '국어력'을 길러주는 것을 적극적으로 권합니다.

자신의 언어로 대상을 정확하게 생각하는 힘은 미래의 자산이며, 수학력을 키워주는 토대가 됩니다. 예를 들어 서울대학교에 가고 싶다면 왜 가고 싶은지, 들어가서 무엇을 하고 싶은지를 다른 사람에게 확실히 말할 수 있는 아이로 키우셨으면 합니다. 그렇게 된다면 학력은 저절로 생기기 마련입니다.

국어를 잘하면 수학도 잘할 수 있습니다. 문장을 읽거나 쓰는 것은 잘하는데, 수학을 잘 못하는 것은 모순입니다. 물론 수학을 어려워하는 사람들은 대부분 수식에 대한 거부감이 있다는 것을 잘 알고 있습니다. 그래서 이 책에서는 수식을 가능한 한 사용하지 않습니다. 간혹 수학 내용을 이해하기 쉽게 관련된 수식을 이용하여 설명한 부분이 있기는 합니다. 하지만 그 부분은 보지 않고 넘어가도 전체적인 내용을 이해하는데 전혀 문제가 없습니다. 숫자나 수식을 사용하지 않고 수학적으로 발상하는 기술을 소개한다는 것은 저에게도 역시 어려운 일이었습니다. 하지만 수학력의 원천이 풍부한 국어력임을 보여주고, 나아가 수학을 배우는 의미를 이해시키기 위

자신의 언어로 대상을 정확하게 생각하는 힘은 수학력의 토대가 된다.

해서라면 충분히 도전해 볼 만한 가치가 있는 시도라고 생각합니다.

수학을 어려워하는 사람은 '수학'이라는 말만 들어도 복잡하고 어려운 것을 연상하기 쉽습니다. 그러나 수학은 언제나 '간단함'과 '명쾌함'을 요구하는 학문입니다. 이 책에서 소개하는 발상법을 통해 여러분은 수학 울렁증을 극복하고 '수학이라는 것이 이렇게 간단한 것이었구나!'라고 깨닫게 될 것입니다.

:: 내면에 잠든 '수학력'이 꽃피우다!

이 책은 자칭 '문과 체질'이라 수학의 '수' 자만 들어도 가슴이 벌렁벌렁하고 머리가 핑 돈다는 사람들, 일명 수학 울렁증으로 고생하는 사람들 안에 잠재된 수학력과 수학적 발상법을 이끌어내기 위해 집필하였습니다. 여러분이 이 책의 맨 마지막 장을 넘길 때쯤이면 '아, 나에게도 수학적으로 발상하는 힘이 있었구나!'라고 느끼고, 수학적인 발상을 의식할 수 있게 되는 것이 바로 이 책의 최대 목표입니다

이 책은 논리적 사고력을 키우는 일곱 가지 '수학 발상법'을 제안합니다. 이 중에서 적어도 몇 가지 정도는 '아, 이런 것은 평소에도 생각했던 거야!'

수학력을 키우는 일곱 가지 발상법

발상법1 | 정리한다
발상법2 | 순서를 지킨다
발상법3 | 변환한다
발상법4 | 추상화한다
발상법5 | 구체화한다
발상법6 | 반대 시점을 가진다
발상법7 | 미적 감각을 기른다

라고 맞장구칠 수 있는 내용 아닌가요? 다시 말하지만, 수학은 '재능' 있는 사람만의 전매특허가 아닙니다. 수학적으로 발상하는 것은 누구라도 할 수 있습니다. 어쩌면 대다수 사람은 이미 무의식중에 수학적으로 발상하고 있을 것입니다.

단, 이것을 수학적인 발상이라고 의식하는 것과 의식하지 못하는 것에는 큰 차이가 있습니다. 수학적인 발상을 의식하지 못하는 경우에는 '번뜩임'(이라고 느끼는 것이겠죠)이 아니면 문제를 해결할 수 없거나, 좋은 아이디어를 내놓기 어렵습니다. 반면 수학적으로 발상한다는 것을 이해하여 그것을 의식할 수 있으면 문제를 해결하는 것도, 타인이 참신하다고 느끼는 아이디어를 내는 것도 필연적으로 가능하게 됩니다. 동시에 여러분이 하는 말에는 '설득력'이라는 날개가 달려, 사람들을 감탄하게 만들 수도 있을 것입니다. 이 책을 통하여 여러분 내면에 잠들어 있던 수학력이 꽃피울 수 있게 되기를 기대합니다.

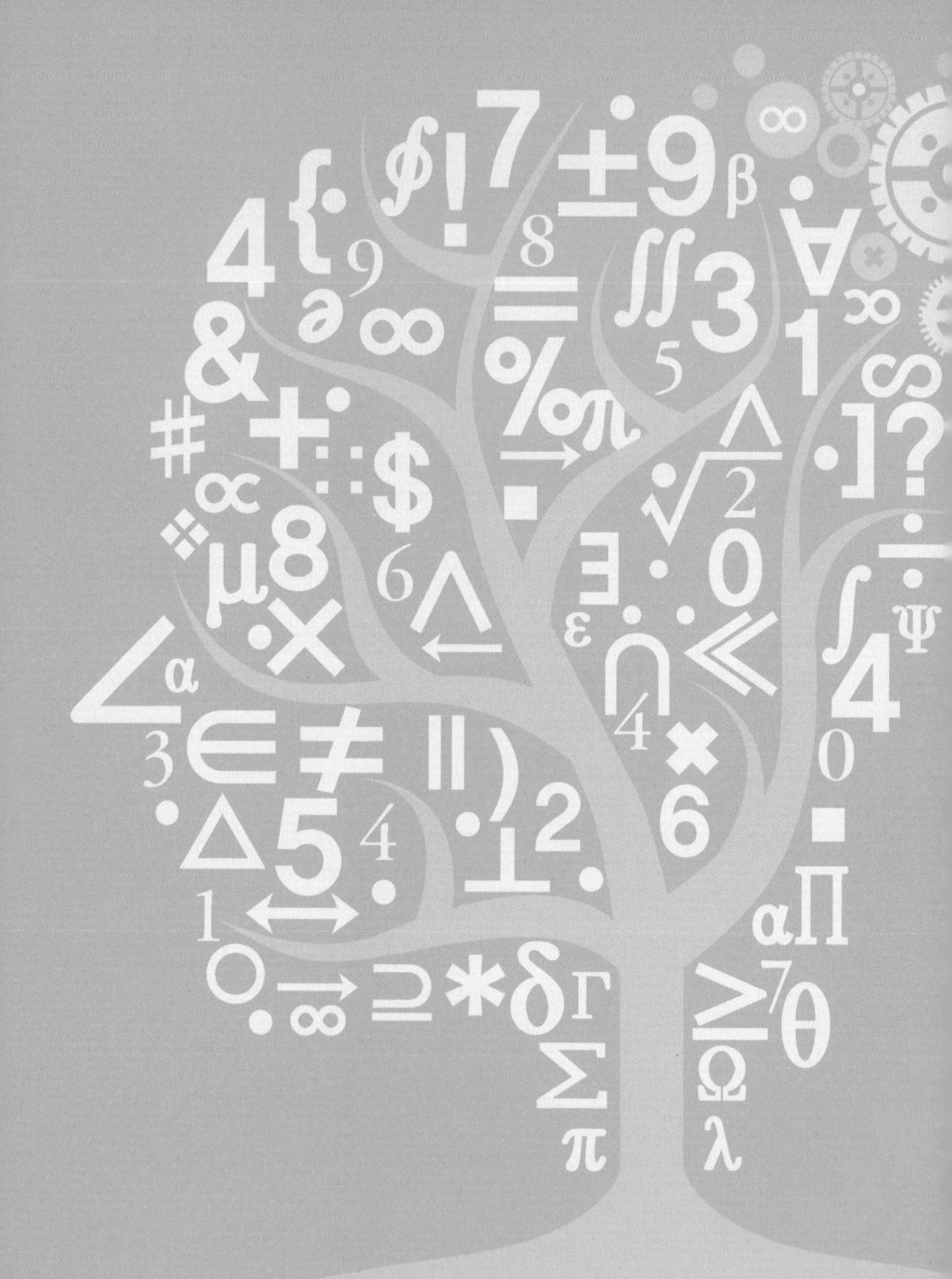

Lesson

01

MATHEMATICAL

수학력이란 무엇인가?

POTENTIAL

Lesson

01

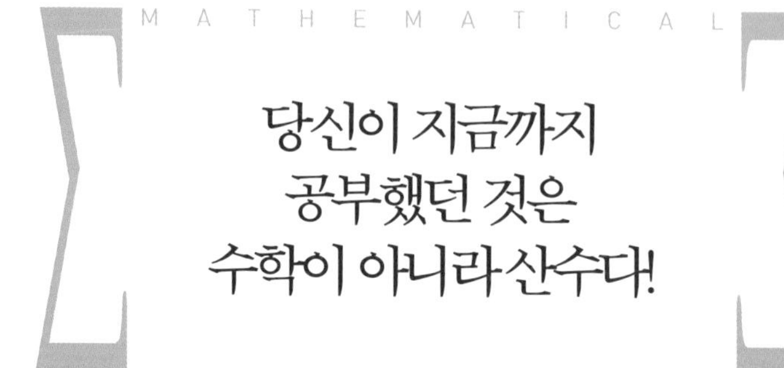

당신이 지금까지 공부했던 것은 수학이 아니라 산수다!

:: 셈을 잘 못하는 천재 수학자?

여러분은 '수학력'(數學力)이라는 단어에서 무엇을 떠올리시나요? 아마도 막연히 '빠르고 정확하게 계산하는 힘', '수학 문제를 빨리 푸는 힘', '복잡한 퍼즐을 빨리 맞추는 힘' 등을 떠올리는 사람이 많을 것입니다. 하지만 저는 이 중 어느 것도 수학력과 관계가 없다고 생각합니다.

친구들과 식사를 하고 비용을 각자 부담하기로 합니다. 이때 친구들의 시선은 일제히 제게 쏠립니다. 그리고 어김없이 한 친구가 이런 질문을 던지죠. "나가노, 한 사람당 얼마씩 내면 되지?" 이런 질문을 받으면 저는 등

줄기에 식은땀이 납니다. 친구들 입장에서는 제가 수학 교사이니까 당연히 암산을 잘할 것으로 생각하고 물어봤겠지만, 그럴 때마다 제 계산은 상당히 높은 확률로 틀리고는 합니다. 솔직히 말씀드리면, 창피하지만 저는 암산을 잘 못합니다. 아니 그렇다기보다 계산 자체를 잘 못합니다. 이 책을 읽는 여러분이 저의 친구라면 제발 앞으로 암산은 시키지 말아 주세요. 잘못 계산했을 때 쏟아지는 차가운 눈빛이 너무 무섭습니다.

'페르마의 마지막 정리'를 증명하는 과정에서 수학사의 전기를 마련했지만, 계산에는 서툴었던 수학자 에른스트 쿠머.

변명 같지만 수학력이란 계산을 잘하는 능력을 말하는 게 아닙니다. 정말 훌륭한 수학자와 과학자 중에 계산을 못하는 사람이 아주 많습니다. 오히려 일반인보다 그런 분들이 계산을 더 못한다는 인상을 받을 정도입니다. 제 부족함을 감추기 위해서 하는 말이 결코 아닙니다. '페르마의 마지막 정리'를 증명하는 과정에서 '정수론'(각종 수의 성질을 연구하는 수학의 한 분야)의 기반을 마련한 독일의 수학자 에른스트 쿠머(Ernst Kummer)는 계산에 서툰 수학자 중 한 명이었습니다. 그는 강의하면서 칠판에 '7×9'처럼 아주 기초적인 계산을 써놓고도 머뭇거리는 일이 많았다고 합니다.

수학 교사인 이상 수업 중에 계산 실수를 줄이기 위해서 계산력을 부단히 단련시켜야 하는 것은 당연한 일입니다. 하지만 일반적인 성인이라면 남보다 계산이 느리거나 서툴다고 해서 창피해할 필요는 없다고 생각합니다. 골목마다 있는 천원샵에도 계산기를 팔고 있고, 스마트폰의 음성 인식 기능을 사용하면 소리 내서 숫자를 말하기만 해도 계산 결과를 알 수 있기 때문입니다. 수학이라는 학문의 본질은 계산보다는 논리적인 사고에 있습니다.

:: 수학은 '속도'를 경쟁하는 학문이 아니다!

그럼 '수학 문제를 빨리 푸는 힘'은 어떨까요? 사실 이점 역시 수학력이 있다는 증거가 될 수 없습니다. 수학 문제를 빨리 푸는 요령 중에 하나는 문제의 패턴을 최대한 많이 익히는 것입니다. 다양한 문제의 패턴을 암기하면 새로운 문제를 만나도 암기한 패턴 중 하나로 분류하여 기존 해법에 적용해서 풀 수 있기 때문입니다. 실제로 입시 학원에서 단기간에 수학 성적을 올리기 위해 사용하는 방법입니다.

본래 수학은 '속도'를 경쟁하는 학문이 아닙니다. 예를 들어 그 유명한 '페르마의 정리'는 약 350년이라는 아주 오랜 시간을 거쳐 해결되었습니다. 그동안 이 정리를 증명하는 데 평생을 바친 수학자는 셀 수 없을 정도로 많았습니다. 그런 이름 없는 수학 천재들이 수학자로 불릴 수 있었던 것은, 결코 그들이 답을 빨리 낼 수 있었기 때문이 아니었습니다. 그들에게는 누구도 오르지 못한 정상에 도달하기 위해 절대 포기하지 않는 '불굴의 정신'이 있었습니다. 포기를 모르는 부동의 신념 때문에 그들은 '수학자'라 불릴 수 있었습니다. 페르마의 정리가 극단적인 예라면, 가까운 예로 도쿄대학교 입시 문제를 들 수 있습니다. 1988년 도쿄대학교 입시에 출제된 '정사면체의 정사영(정사면체의 세 면에 그려진 원을 위에서 바라봤을 때 바닥에 비친 모습) 문제'는 출제 후 입시학원이 앞다퉈서 모범답안을 내놨지만, 그 답이 모두 달라 '전설의 난제'(難題)로 불리고 있습니다. 애초 이 문제는 '빨리 풀기'가 불가능했습니다.

패턴으로 분류 가능한 정형화된 문제를 빠르고 정확하게 푸는 것은 컴퓨터가 가장 잘합니다. 그러니 수학 문제를 빨리 풀 줄 안다고 해서 사회에 나왔을 때 학교 다닐 때만큼 높이 평가받지 못합니다. 인간의 힘이 필요한 영역은 아직 알고리즘(처리 수단)이 확립되지 않은 미지의 문제를 풀 때이며, 풀 수 없는 문제라도 해결하기 위한 실마리를 발견하는 것입니다. 이것이야말로 '수학력'입니다.

정보화 사회인 현대는 빠른 것만을 예찬합니다. 이런 사회에서는 질문에 즉시 답하는 것이 '현명하다'고 생각되는 경향이 있습니다. 하지만 과연 정말 그럴까요? 세상에는 여러 가지 가능성을 음미하다 보면, 즉시 답할 수 없는 것도 있기 마련입니다.

실제로 학생들을 가르치다 보면 어렸을 때부터 즉답하는 것만을 요구당했던 탓인지, 해를 거듭할수록 학생들이 아예 생각을 안 하는 것처럼 느껴질 때가 많습니다. 이것은 굉장히 심각한 문제입니다. 학문에서건 일상에서건 즉답보다는 숙고(熟考)가 더 좋은 평가를 받는 환경이 바람직합니다.

계산기처럼 정확하고 빠르게 계산할 수 있는 능력은 수학력이 아니다. 수학이라는 학문의 본질은 계산보다는 논리적인 사고에 있다.

수학은 세상을 설명하는 언어다. 수학을 잘하는 데 필요한 것은 빠른 계산 능력이 아닌, 미지의 대상을 향한 강한 탐구 정신이다.
이탈리아의 화가 도미니코 페티(Domenico Fetti)가 그리스의 수학자이자 물리학자 아르키메데스를 묘사한 작품 〈아르키메데스의 생각〉.

:: 수학력을 가로막는 장애물, '지레짐작'

친구 중에 츠쿠바대학교 부속 고마바고등학교에서 '개교 이래 최고의 수재'라고 명성을 떨치며 도쿄대학교에 입학한 'T'라는 친구가 있습니다. 그와는 오페라 동호회인 도쿄대학교 가극단에서 처음 만났습니다. 그와 저는 1학년 때 함께 공연의 섭외를 담당했었습니다. T는 작업을 함께할 때마다 정말 제대로 '숙고'했습니다.

이를테면 우리 학교에서 연주회가 열린다는 것을 알리는 내용의 엽서를 각 대학에 보낼 때도, 저는 얕은 생각에 대학 주소록을 펼쳐놓고 "그냥 눈에 띄는 곳에 전부 보내면 되지 않을까?"라고 제안했습니다. 하지만 그는 각 학교에 대해서 "이 대학에는 가극단이라는 이름의 단체가 있지만, 실제로는 뮤지컬 단체니까 제외하는 게 좋겠어"라고 분석하며, 엽서 한 장을 보낼 때마다 우편요금에 합당한 효과가 있는지를 고민했습니다. 그 덕분에 5분 정도면 끝날 줄 알았던 회의가 한 시간이나 걸렸던 적도 있었습니다.

하지만 결과적으로 훌륭한 비용 대비 효과를 거둘 수 있었던 것은 말할 필요도 없었습니다. 더욱이 이후부터 그는 당시 그리 일반적이지 않았던 계산 프로그램에 데이터를 정리함으로써 협의할 필요도 없이 신속하게 작업을 끝낼 수 있도록 했습니다.

깊이 생각하지 않고 짐작이 가는 대로 넘겨짚는 '지레짐작'은 수학력과 정반대의 개념이나 다름없습니다. 필요할 때는 차분히 시간을 들여 숙고할 수 있는 것, 그것이야말로 수학적으로 사고할 때 가장 중요한 것입니다.

:: 용기 있는 생각과 태산을 옮기는 집념이 수학력

수학력이 뛰어나다고 했을 때 연상하는 '복잡한 퍼즐을 빨리 맞추는 힘'에 대해서도 살펴보겠습니다. 일본을 대표하는 수학 교육자 중 한 명인 야스다 토오루(安田亨)의 저서 『도쿄대학교 수학에서 1점이라도 더 받는 방법』을 보면 다음과 같은 내용이 있습니다.

"수학을 잘하고 못하는 요인 중 하나로, 수학적인 사실을 머릿속에 넣는 용량의 크기가 있습니다. 우수한 사람은 머릿속에 서랍이 있어서 순서대로 보기 좋게 정리해서 수학적인 사실이 다소 복잡해져도 혼란스러워하지 않습니다. 수학적 걸음의 보폭이 큰 것이죠. 하지만 수학을 못 하는 사람은 그 내용을 담을 머릿속 용량이 작습니다. 그래서 가까이에 있는 것을 식으로 만들어 전체적인 예측도 없이 눈앞의 것만을 계산합니다."

이것은 제가 수학을 가르치며 실감한 것과 정확히 일치합니다. 일반적으로 수학을 잘하는 사람은 '논리 용기'(論理勇氣)라고 할 만한 힘이 뛰어납니다. 그들은 입구에서 목표가 보이지 않는 경우라도 자신이 올바르다고 생각하는 방향을 믿고 나아가는 용기를 가지고 있습니다. 반면에 수학을 못 하는 사람은 입구에 섰을 때 목표가 보이지 않으면 "이건 무리겠다"라고 미리 겁을 먹고 포기해 버리는 경우가 많습니다.

예를 들어 수학을 잘하는 사람은 직관적으로 조작 방법을 이해할 수 없는 기계라도 설명서에 의지하여 사용할 수 있습니다. 하지만 수학을 잘 못하는 사람은 아이폰(iPhone)이나 아이패드(iPad)같이 굳이 설명서가 없어도 직관적으로 이해할 수 있는 기계가 아니면 사용하려고도 하지 않는 경향이 있습니다. 물론 직관이 뛰어나다는 것은 큰 장점입니다. 다른 사람들이 많은 시간을 들여서 겨우 이해할 수 있는 것을 순식간에 알아채는 것은 대단한 재능입니다. 아이폰이나 아이패드가 전 세계적으로 폭발적인 인기를 얻은 가장 큰 요인도 바로 그 직관적인 조작 방법때문임은 틀림없습니다. 하지만 수학이 지향하는 것은 정반대입니다.

수학을 잘 못하는 사람은 아이폰이나 아이패드처럼 조작법이 쉽고 직관적인 기기를 좋아한다. 반면 수학을 잘하는 사람은 설명서를 펼쳐 놓고 복잡한 기계의 기능을 하나씩 터득하는 과정에서 쾌감을 느낀다.

퀴즈나 '두뇌 체조' 등에서 나오는 퍼즐을 경이로운 속도로 맞추는 사람이 있습니다. 누구든지 그런 사람을 보면 '머리가 좋구나'하고 생각합니다. 실제로도 그런 사람은 발상이 유연하고 직관이 뛰어날 것입니다. 그리고 대다수 사람은 '번뜩임이 있는 사람은 수학을 잘하는 사람, 번뜩임이 없는 사람은 수학을 못 하는 사람'이라고 생각합니다. 하지만 사실 이것은 큰 오해입니다. 신의 계시로밖에 생각할 수 없을 만한 기발한 발상, 자신도 어떻게 그것을 생각해냈는지 모르는 '번뜩임'은 수학력과는 전혀 관계없습니다.

만약 이러한 것을 수학력이라고 한다면 대부분의 사람은 수학을 배우는 보람을 느낄 수 없을 것입니다. 하지만 안심하세요. 적어도 대학 입시 문제에서 좋은 성적을 거두거나 회사 또는 일상생활에서 부딪치는 문제를 수학적인 발상으로 해결하는 데 특별히 '번뜩임' 같은 것은 필요 없습니다. 우리에게 필요한 것은 '번뜩임'에 의해 남보다 빨리 해답에 도달하는 힘이 아니라, 아무리 어려운 문제라도 한발 한발 내딛으며 논리적으로 해답에 다가가는 힘입니다.

"빗방울이 돌을 뚫는 것은 세차게 떨어져서가 아니라 몇 번이고 떨어지기 때문이다." 이것은 고대 로마의 철학자 루크레티우스(Lucretius Carus)의 명언입니다. 돌도 뚫을 정도의 부단한 집중력이야말로 수학력이라고 생각합니다.

:: 수학은 세상을 설명하는 언어

계산이 빠른 것, 정형화된 문제를 정확히 풀 수 있는 것, 퍼즐을 잘 맞추는 것 등은 모두 산수에서는 중요하게 여기는 힘입니다. 그렇습니다. 앞에서 말한 세 가지 힘은 수학력이 아닌 '산수력'입니다.

초등학교에서 중학교로 올라갈 때 똑같은 수식을 다룸에도 불구하고 과목명이 산수에서 수학으로 바뀌는 것은, 단지 어른이 되었다는 기분을 느끼기 위해서가 아닙니다. 산수와 수학은 언뜻 보아 비슷하지만, 전혀 다른 학문입니다. 오해의 여지가 있기는 하지만 산수는 기존의 문제를 신속하고 정확하게 푸는 힘을 기르는 과목이며, 수학은 미지의 문제를 풀기 위한 힘을 기르는 과목입니다.

수학은 우리를 둘러싼 세상을 논리적인 방법으로 설명하고 증명해, 세상에 대한 이해를 돕는 학문이다.

산수력은 일상생활에 밀접합니다. 상점에서 잔돈을 금방 계산한다거나, 닛케이 평균의 의미를 안다거나, 부동산 전단을 보고 방 크기를 어림할 수 있는 것 등은 일상생활에서 유용합니다. 하지만 수학의 궁극적인 지향점은 이러한 판에 박힌 듯한 문제의 답을 빨리 도출하는 데 있지 않습니다. 수학의 지향점은 이 세상 모든 것의 특징, 원리를 논리적인 방법으로 설명하고 증명해, 베일에 둘러싸인 이 세상을 이해하는 데 있습니다.

Lesson

01

MATHEMATICAL

누구나 가지고 있는 수학력

POTENTIAL

:: '산수'는 좋아했는데 '수학'은 넌더리나는 이유

초등학생에게 "좋아하는 과목이 뭐야?"라고 물어보면, 아이들이 좋아한다고 꼽는 과목 순위에서 '산수'는 '체육'과 비슷하게 꽤 상위에 오릅니다. 하지만 고등학생이 되면 수학을 좋아하는 사람의 비율이 현격하게 떨어집니다. 반면에 싫어하는 과목에서 수학은 부동의 1위를 지키고 있죠. 정말 안타까운 일이지만 세상에 수학을 싫어하는 사람이 많다는 것은 이 책을 읽고 있는 여러분도 실감하고 있을 것입니다.

그렇다면 왜 '산수'는 인기 과목인데 '수학'은 비인기 과목이 되어 버렸

'산수'는 잘했었는데 '수학'이 싫어진 이유는 '산수'는 해법을 암기하면 점수가 쉽게 나오지만, 수학은 해법을 암기해서 풀 수 없기 때문이다.

을까요? 산수에서 전형적인 문제를 전형적인 해법으로 푸는 것은 공략집에 나와 있는 대로 게임을 하는 것과 같습니다. RPG(롤플레잉게임) 공략집에서 "오른쪽 동굴에 들어가면 보물이 있습니다"는 내용을 읽고 그대로 플레이해 보물을 획득하고 기쁨을 느끼는 것은 이해할 수 있습니다. 더욱이 게임을 잘한다고 해서 어른들에게 칭찬받는 일은 없지만, 산수 시험에서는 배운 대로 풀어서 높은 점수를 받으면 부모님이나 선생님으로부터 칭찬을 받으니 당연히 산수가 즐거울 수밖에요.

하지만 중학교에 올라가서 수학을 배우기 시작하면 상황이 완전히 달라집니다. 산수를 할 때와 같은 기분으로 해법을 암기해서 시험에 임해도 점수가 전혀 올라가지 않습니다. 왜냐하면 수학은 해법을 암기하는 것만으로는 풀 수 없는 문제가 훨씬 더 많기 때문입니다. 그런 경향은 학년이 높아질수록 더 뚜렷하게 나타납니다.

최종적으로 수학을 싫어하게 된 사람도 처음에는 노력합니다. 문제집을 두 번 풀었는데 성적이 올라가지 않으면 '다음에는 세 번 풀어야지', '세 번 풀어봐도 안 되면 네 번 풀어야지'하며 마음을 다잡습니다. 하지만 성적은 올라가지 않습니다. 결국에는 노력이 빛을 보지 못하게 됩니다. 반면 영어나 역사 같은 다른 과목은 대개 노력하면 그만큼 점수가 좋아집니다. 그렇게 되면 누구든 '나에게는 수학적 재능이 없다'고 생각하게 됩니다. 결과적으로 수학을 싫어하게 되는 것은 어쩔 수 없는 일일지도 모릅니다.

:: 수학공포증에 시달리는 아이들과 씨름하며 깨달은 것들

저는 지금까지 약 20년간 수학을 가르쳐왔습니다. 집단 수업에서는 좀처럼 성적이 잘 올라가지 않는 학생들을 많이 봐왔습니다. 요컨대 수학을 못 하는 사람이지요. 그런 의미에서 지금까지 저의 지도 경험은 수학을 못 하는 학생들과 함께한 '격투'의 나날들이기도 했습니다.

그런 제가 단언컨대 수학력은 누구나 가지고 있는 힘입니다. 수학을 못 하는 것은 수학적 재능이 없어서가 아니라, 수학을 산수와 똑같이 공부하기 때문입니다. 실제로 우리 학원에서는 처음 다닐 때만 해도 수학 성적이 반에서 꼴찌였던 학생이 단시간에 상위권이 되는 경우가 자주 있었습니다. 우리 학원을 광고하려고 하는 말이 절대 아닙니다.

어떻게 그런 일이 일어난 것일까요? 저의 교수법이 뛰어났기 때문일까요? 아니요, 절대 그렇지 않습니다. 제가 한 일은 학생들에게 해법을 통째로 암기하는 것을 그만두게 한 것과 단원의 내용이나 공식, 해법의 의미를 이해하면서 수학을 조금 내려다보는 시점을 갖게 해준 것뿐입니다. 그렇게 하면 학생들은(특히 국어력이 뛰어난 학생들은) 수학 문제를 풀려면 특별한 재능 같은 것은 필요 없으며, 이미 자신 안에 있는 힘을 사용하면 된다는 것을 알게 됩니다. 다음 장에서는 국어 문제를 수학적인 방법으로 풀어볼 것입니다. 이러한 시도를 하는 이유는 '문과 체질'인 여러분에게도 수학력이 잠재되어 있음을 깨닫게 하고 싶었기 때문입니다.

:: 수학력을 깨달으면 번뜩임이 필연이 된다!

'번뜩임'은 수학력과 관계가 없다는 말을 했었습니다. 단, 여기서 말한 '번뜩임'은 아무리 해도 발상의 근원을 설명할 수 없는 섬광처럼 떠오른 기발한 생각을 말합니다. 자신 안에 잠재하고 있던 수학력을 깨닫고 그것을 의식할 수 있게 되면 지금까지는 '컨디션이 좋을 때'만 생각해 낼 수 있었던 참신한 아이디어나 해결 방법이 컨디션에 상관없이 항상 나오게 됩니다. 즉, 무의식일 때는 우연히 떠올랐다고밖에 느끼지 못했던 것을 필연적으로 느끼게 된다는 말입니다.

수학력은 누구나 가지고 있는 힘이다. 특히 국어를 잘하는 사람은 잠재된 힘의 크기가 더 크다.

아서 코난 도일(Arthur Conan Doyle)이 창조한 셜록 홈스는 경이로운 추리력의 소유자다. 그는 왓슨 박사를 처음 만난 순간 그가 아프가니스탄에서 복무했다는 사실을 추론한다. 신들린 듯한 그의 추리는 왓슨 박사의 그을린 피부, 불편해 보이는 팔 등을 관찰해서 얻은 정보들을 논리적으로 조합해 도출한 결과다.

반대로 말하면 세상에서 '번뜩임'이라고 말하는 것의 대부분(전부라고는 말하지 않겠습니다)은 수학력을 의식해서 사용하는 사람이라면 당연한 발상입니다. 셜록 홈스가 누구도 예상하지 못한 범인을 알아냈을 때 주변 사람들은 깜짝 놀랍니다. 자신에게는 없는 번득이는 사고력에 감탄하며 "홈스는 천재야!"라며 존경하지요. 하지만 홈스는 조각조각 흩어져 있는 증거를 논리적으로 생각함으로써 필연적으로 진범을 찾아낼 수 있게 된 것입니다. '수학력'이 우리에게 주는 논리력은 그만큼의 힘을 가지고 있습니다. 그런 수학력은 우리 모두에게 있습니다. 어깨의 힘을 빼고 가벼운 마음으로 읽기만 하면, 우리 안에 잠재된 수학력을 끌어낼 수 있습니다.

Lesson

01

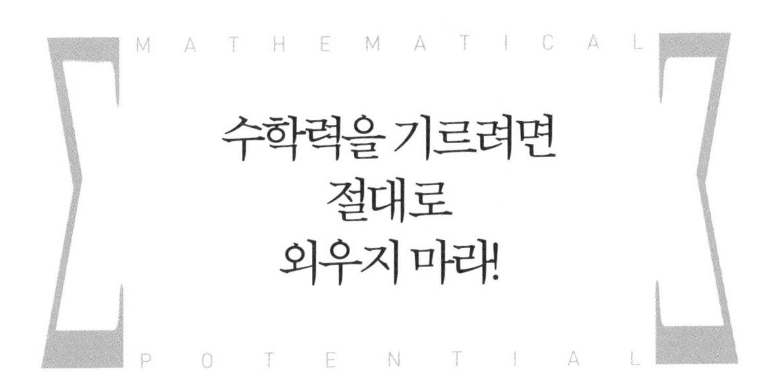

수학력을 기르려면 절대로 외우지 마라!

:: 수학은 공식을 외우려고 하면 할수록 더 어려워진다

직업상 "수학을 잘할 수 있는 비법이 뭐에요?"와 같은 질문을 받을 때가 많습니다. 그럴 때 저는 항상 이렇게 대답합니다.

"절대 외우지 않는 것입니다!"

그렇게 말하면 항상 묘한 정적이 흐르더군요. 수학을 어렵게 생각하는 학생들은 대부분 공식과 해법을 암기하는 것이 수학 공부라고 생각하고 있기 때문에, 제 말을 이상하게 생각하는 것도 무리는 아닙니다. 하지만 지금까지의 지도 경험에서 얻은 수학을 잘하는 비결은 통째로 외우는 공부

수학을 잘하는 비결은 절대로 외우지 않는 것이다. 모르면 일단 외우려고 하는 자세는 생각하는 것 자체를 거부하는 사고법으로, 논리력을 키우는 데 방해가 된다.
사진은 기억을 10분 이상 지속하지 못하는 단기 기억상실증 환자가 자신의 가정을 파괴한 범인을 찾는 영화 〈메멘토〉의 한 장면.

법에서 탈피하는 것이라고 확신합니다. 공식이나 해법을 외우려고 하면 할수록 수학은 더 어려워집니다. 그러면서 점점 수학이 지루해지고 수학을 싫어하게 되는 것이죠.

왜 그럴까요? 앞에서 말한 것처럼 우리가 수학을 배우는 목적은 논리력을 기르기 위해서입니다. 수학에 나오는 함수, 방정식, 벡터, 수열 등은 논리력을 기르기 위한 도구에 불과합니다. 그리고 논리력을 기르기 위해서는 자신의 머리를 사용해서 생각하는 방법밖에 없습니다. 잘 모르는 것이 나오면 일단 외우려고 하는 자세는 생각하는 것 자체를 거부하는 사고법입니다. 그것이 논리력을 키우는데 크게 방해되는 일임은 말할 필요도 없을 것입니다. 수학을 제대로 배우기 위해서 유일하게 필요한 자세는 '왜?'라고 생각하는 것입니다. 거기에서 수학 공부가 시작됩니다.

:: 수학을 잘하는 데 필요한 단 하나, '왜?'라고 질문하기

한 가지 예를 들어보겠습니다. 지브리스튜디오에서 제작한 애니메이션

〈추억은 방울방울〉(おもひでぽろぽろ)에는 분수의 나눗셈에 관한 에피소드가 나옵니다. 초등학교 5학년인 주인공 타에코는 산수 시험에서 25점을 받아 옵니다. 점수를 보고 놀란 어머니는 작은언니를 시켜 분수의 나눗셈을 알려주라고 합니다.

작은언니 : 구구단을 외워봐!

타에코 : 구구단은 안 할 거야. 난 벌써 5학년이란 말이야!

작은언니 : 구구단을 할 줄 안다면 어째서 틀린 거야?

타에코 : 하지만 분수의 나눗셈이잖아.

작은언니 : 분모와 분자를 뒤집어서 곱하면 된다고 학교에서 배웠잖아.

타에코 : 응.

작은언니 : 그럼 어째서 틀린 거야?

어머니 : 야에코, 하나씩 가르쳐 주어라.

타에코 : 분수를 분수로 나눈다는 게 무슨 이야기야?

작은언니 : 응?

타에코 : 2/3개의 사과를 1/4로 나눈다면 2/3개의 사과를 네 개로 잘랐을 때 한 사람당 몇 개냐는 말이지?

작은언니 : 응? 흠…….

타에코 : 그러니까 (사과를 그리며 생각한다) 하나, 둘, 셋, 넷, 다섯, 여섯에서 하나 1/6!

작은언니 : 아냐, 틀려! 그건 곱셈이지!

타에코 : 응? 어째서 곱했는데 수가 줄어들어?

작은언니 : 2/3개의 사과를 1/4로 나눈다는 것은…….

(말문이 막힌다)

어쨌든! 사과에 대입하니까 이해를 못 하는 거야! '곱셈은 그냥 그대로! 나눗셈은 거꾸로 뒤집는다!' 이렇게 외우기만 하면 되는 거라고!

(중략)

큰언니 : 타에코, IQ 검사받아보는 것이 좋지 않을까요?

어머니 : 입학할 때는 보통이라고 했어.

작은언니 : 타에코는 바보가 된 거예요.

큰언니 : 타에코 어릴 때 2층에서 떨어졌었잖아요.

작은언니 : 그래 맞아. 보행기에 탄 채로. 그때는 죽었다고 생각했었어.

어머니 : 혹이 생겼을 뿐이었잖니.

큰언니 : 그게 지금 와서…….

작은언니 : 맞아요! 그게 분명해요.

어머니 : 설마……. 못하는 건 산수뿐인걸.

큰언니 : 그럼 수업 중에 떠든다는지 장난만 치는 게 아닐까요?

작은언니 : 수업을 확실히 듣고 있다면 분수의 나눗셈 같은 것은 간단하잖아요. 바보라도 잘하게 될 걸요.

큰언니 : 장래를 생각해봐야 해요. 내년이면 벌

써 6학년이에요.

타에코 : (어머니와 언니들의 대화를 듣고 중얼거린다) 그렇지만 2/3개의 사과를 1/4로 나누면 어떻게 그렇게 되는지 전혀 상상할 수 없는걸. 그렇잖아. 2/3개의 사과를 1/4로 자른다면 …….

_ 애니메이션 〈추억은 방울방울〉(おもひでぽろぽろ) 중에서

이 장면은 산수 교육의 나쁜 예를 잘 보여주는 것으로, 짧지만 인상적인 장면입니다. 아마 이 애니메이션을 본 사람은 대부분 분수의 나눗셈을 잘 설명하지 못하는 타에코의 작은언니에게 공감했을 것입니다. 하지만 산수에서는 '분수의 나눗셈은 뒤집는다'를 설명하지 못해도 상관없습니다. 앞에서 말한 바와 같이 산수는 일상생활 속에서 빨리 그리고 정확하게 정답을 도출하는 것이 목표인 과목이기 때문에 풀이 방법을 외워서 그대로 계산하기만 하면 됩니다.

하지만 분수 계산을 수학으로 생각한다면 '왜 그렇게 하면 정답이 나오는 것일까?'를 확실히 설명해야 할 필요가 있습니다. 수학에서는 정답 그 자체보다도 정답을 도출해 내기까지의 과정이 더 중요하기 때문입니다. 그런 의미에서 타에코는 수학을 이해할 수 있는 자질이 있다고 말할 수 있겠죠.

Lesson

01

M A T H E M A T I C A L

분수의 나눗셈은 왜 뒤집는지 설명할 수 있는가?

P O T E N T I A L

이왕 말이 나온 김에 분수의 나눗셈은 왜 뒤집는지를 설명해보겠습니다. 별로 관심 없는 분은 다음에 이어지는 설명은 건너뛰고 봐도 괜찮습니다.

:: Step 1. 분수란 무엇일까?

근본적으로 분수란 무엇을 말하는 것일까요? '음? 거기서부터 시작하는 거야?'라고 생각하실지도 모르지만, 수학에서 모르는 것이 있으면 '근본'으로 거슬러 올라가는 것은 아주 중요합니다. 속는 셈 치고 같이 한번 생각해 볼까요?

자, 그럼 '1 ÷ 4'라는 계산을 생각해 보겠습니다. 이것은 '한 개를 4 등분 했을 때의 하나'를 계산하게 되는 것이죠. 그 결과는 정수로 쓸 수 없습니다. 그래서 그 계산 결과를 $\frac{1}{4}$이라고 쓰기로 하겠습니다.

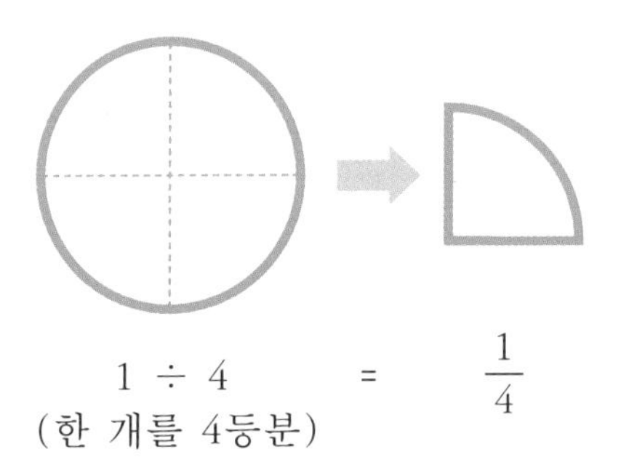

이것을 일반화하면 1개를 n등분 했을 때의 하나는 $\frac{1}{n}$이 됩니다.

이것이 '근본'적인 분수의 의미입니다. 식으로 쓰면 다음과 같죠.

[일반화]

$$1 \div n = \frac{1}{n}$$

:: Step 2. 분수의 곱셈

다음에는 분수의 곱셈에 대해서도 알아보겠습니다.

예를 들어 $\frac{1}{2} \times \frac{3}{4}$은 어떻게 생각하면 될까요? 시각적으로 이해하기 위해서 직사각형의 면적을 생각해 봅시다.

$\frac{1}{2} \times \frac{3}{4}$에서 $\frac{1}{2}$m를 세로 길이, $\frac{3}{4}$m를 가로 길이라고 생각하면 다음과 같이 직사각형의 면적을 나타내게 됩니다.

이해하기 쉽게 이 직사각형을 1m×1m인 정사각형 안에 넣어 보겠습니다.

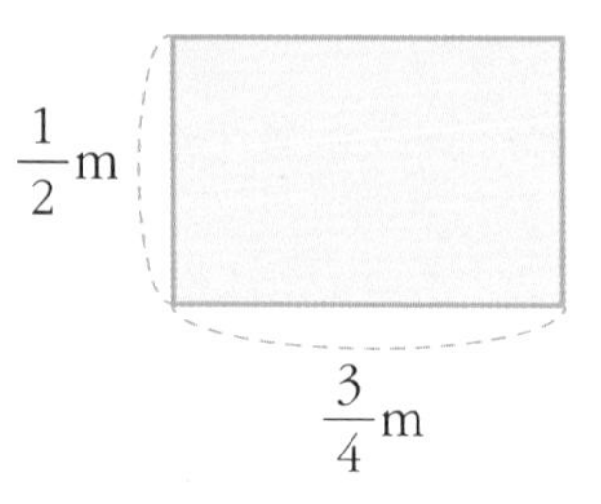

이렇게 하면 연녹색 부분의 직사각형은 정사각형의 세로를 2등분, 가로를 4등분 한 직사각형 세 개인 것을 알 수 있습니다. 세로를 2등분, 가로를 4등분 하면 정사각형 전체를 8등분($\frac{1}{8}$)한 것이 되니까 결국 연녹색 부분의 직사각형의 면적은 이 세 개가 되는 것이죠.

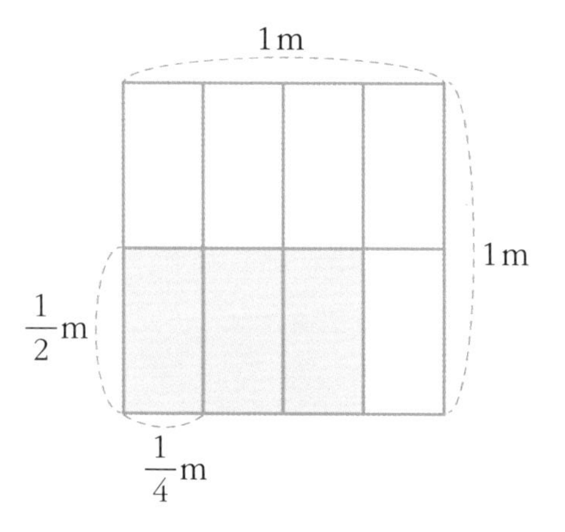

그림을 수식으로 표현하면 다음과 같습니다.

$$\frac{1}{8}+\frac{1}{8}+\frac{1}{8}=\frac{3}{8}\ (m^2)$$

따라서 $\frac{1}{2} \times \frac{3}{4} = \frac{3}{8}$입니다.

이것은 $\frac{1}{2} \times \frac{3}{4} = \frac{1 \times 3}{2 \times 4} = \frac{3}{8}$과 같이 계산할 수 있다는 것을 시사하고 있습니다. 즉, 분수의 곱셈에서는 '분모는 분모끼리, 분자는 분자끼리' 각각 곱하면 되는 것입니다.

이것도 일반화해 두겠습니다.

$$\frac{a}{b} \times \frac{p}{q} = \frac{a \times p}{b \times q}$$

:: Step 3. 분수로 나눈다는 것은 무슨 의미일까?

분수 ÷ 분수로 들어가기 전에 $1 \div \frac{1}{3}$의 의미를 먼저 생각해 보겠습니다. 이 계산을 '1을 $\frac{1}{3}$등분하면 얼마인가?'라고 생각하면 혼란스러울 수도 있으니 여기에서는 나눗셈의 또 하나의 의미를 사용하여 '1을 $\frac{1}{3}$개씩 나누면 몇 개인가?'(1은 $\frac{1}{3}$이 몇 개 있는 것인가?)라고 생각하겠습니다.

그림으로 그려보면, 다음과 같습니다.

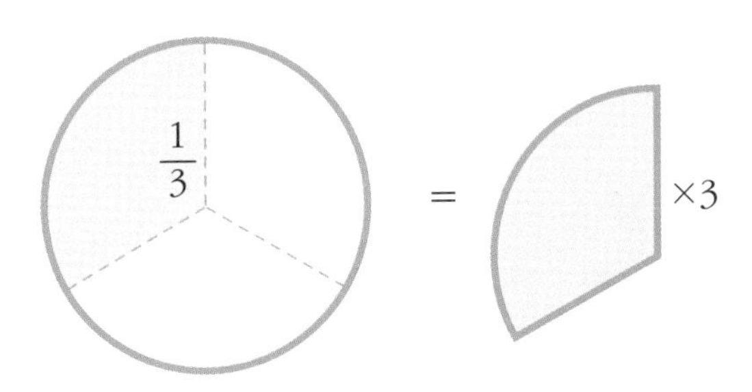

한 개는 $\frac{1}{3}$이 세 개이므로 정답은 3입니다.

즉, 다음과 같습니다.

$$1 \div \frac{1}{3} = 3$$

이것을 일반화하면, 다음과 같습니다.

$$1 \div \frac{1}{n} = n$$

이상의 내용이 분수 ÷ 분수를 이해하는 데 필요한 분수의 기초입니다.

[분수의 기초]

① $1 \div n = \frac{1}{n}$

② $\frac{a}{b} \times \frac{p}{q} = \frac{a \times p}{b \times q}$

③ $1 \div \frac{1}{n} = n$

자, 이제 타에코의 질문에 대답해 볼까요?

$$\frac{2}{3} \div \frac{1}{4} = ?$$

우선 분수의 기초②를 사용해서 식을 분해한 후 기초③을 사용해 봅니다.

$$\frac{2}{3} \div \frac{1}{4} = \frac{2\times 1}{3\times 1} \div \frac{1}{4}$$

$$= \frac{2}{3} \times \frac{1}{1} \div \frac{1}{4}$$

분수의 기초 ②

$$= \frac{2}{3} \times 1 \div \frac{1}{4}$$

$$= \frac{2}{3} \times 4$$

분수의 기초 ③

$$= \frac{2}{3} \times \frac{4}{1}$$

이렇게 되죠. 맨 처음과 마지막의 식을 보면 나누는 수를 뒤집어 놓은 곱셈이 되었습니다. 참고로 분자가 1이 아니라도 다음과 같이 생각함으로써 나누는 쪽의 수를 뒤집으면 된다는 것을 알 수 있습니다.

$$\frac{3}{5} \div \frac{2}{7} = \frac{3}{5} \times 1 \div \left(\frac{1}{7} \times \frac{2}{1}\right)$$

(★)

$$= \frac{3}{5} \times 1 \div \frac{1}{7} \div \frac{2}{1}$$

분수의 기초 ③

$$= \frac{3}{5} \times 7 \div 2$$

$$= \frac{3}{5} \times 7 \times \boxed{1 \div 2}$$

분수의 기초 ①

$$= \frac{3}{5} \times 7 \times \boxed{\frac{1}{2}}$$

$$= \frac{3}{5} \times \frac{7}{2}$$

괄호 앞에 나누기(÷)가 있을 때(★)는 주의해야 합니다. 24 ÷ (2×3) = 24 ÷ 2 ÷ 3이 됩니다. '24 ÷ (2×3) = 24 ÷ 2 × 3'이라고 착각하기 쉬우니 주의하세요. 그리고 분수의 기초②를 사용해서 분해하거나 다시 분수로 바꾸는 부분은 적당히 생략했습니다.

:: 수학을 왜 배워야 할까?

어떠셨나요? 이렇게 분수의 '근본적인' 부분까지 거슬러 올라가 하나씩 자세히 따라가 보면 '분수의 나눗셈은 뒤집는다'를 확실히 설명할 수 있습니다. '분수의 나눗셈은 뒤집는다'를 지식으로만 알고 있다면 그것은 단순한 산수 테크닉에 지나지 않지만, '왜 그렇게 하면 정답에 도달하는 것일까?'에 주목하면 분수의 나눗셈도 논리력을 기르기 위한 재료가 됩니다. 즉, 훌륭한 수학입니다. 너무 많이 말해서 지겹게 느껴질 수도 있지만, 논리력을 기르는 수학 본래의 목적을 달성하기 위해서는 통째로 외우지 않는 것이 가장 중요합니다.

자, 여기까지 읽은 여러분은 '그렇게 말해봤자 이미 늦었어'라고 생각했을지도 모릅니다. 혹은 '지금부터 수학을 다시 배우려면 또 얼마나 오랜 시간이 필요한 거야'라고 절망적인 기분을 느낀 분도 있겠죠. 그래도 괜찮습니다. 이 책은 수학을 처음부터 다시 배우는 것을 요구하지 않습니다. 중학교와 고등학교 수학을 통해서 실제로 어떤 것을 배울 수 있었는지, 앞서 소개한 아인슈타인의 말과 같이 수학을 전부 잊어버린 후에 남겨진 수학적 사고방식은 어떤 것인지를 가능한 한 수식을 사용하지 않고 말로써 풀어나가고자 합니다.

"그럼, 처음부터 수학 따위 공부 안 해도 되는 거 아니냐?"라는 이야기도 나올 수 있겠군요. 지당한 말씀입니다. 하지만 아직 인생 경험도 적고 어휘력이 부족한 학생이 논리력을 기르기 위해서는 수학을 제대로 배우는 것이 가장 빠른 길이라는 점은 변함없는 사실입니다.

아마 이 책을 읽게 되는 독자는 사회인으로 활동하고 있는 어른들일 것입니다. 인생 경험이 풍부하고 어휘력도 있으며 사물을 추상적으로 생각하는 능력이 뛰어난 어른을 대상으로 하고 있으

의식하지 못할 뿐이지 수학력은
우리 안에 잠재해 있다.

니, 이 대담한 시도는 성공할 가능성이 더욱 높다고 생각합니다. 어른이라는 이점을 살려서 효율적으로 수학력을 정복하기 바랍니다.

3장부터는 수학적 발상이 어떤 것인지 구체적으로 살펴보겠습니다. 미리 말씀드리지만 제가 제안하는 방법은 이전에도 이후에도 없을 전혀 새로운 방법은 아닙니다. '문과 체질'인 여러분도 이미 무의식중에 사용하고 있는 사고방식일 것입니다. 하지만 수학적으로 발상한다는 것의 의미를 확실히 알고 그것을 의식할 수 있게 됨으로써 다양한 문제를 해결하는 실마리가 지금까지와는 비교할 수 없을 만큼 확실히 보이게 될 것입니다. 지금부터 소개하는 일곱 가지 수학 발상법을 통해 여러분에게도 분명히 잠재해 있는 '수학적 사고방식'을 발견하기 바랍니다.

[수학을 찬미한 사람들]

"모든 것에서 수(數)를 없애보라.
그러면 모든 것이 사라질 것이다."

이시도루스 Isidorus Hispaleusis, 560~636년

종교가 모든 사고를 지배하던 유럽 중세시대는 수학의 역사에 있어서도 암흑기였다. 유클리드, 피타고라스, 아르키메데스 등 그리스 수학자들이 이루어 놓은 수많은 수학적 혁신은 500년 동안 제자리걸음을 했다. 성서는 곧 진리였고 성서와 다른 주장은 모두 이단이었다. 종교는 이성의 부활을 두려워했다. 관찰과 수학적 논증으로 도출한 많은 개념이 성서와 충돌했기 때문이다. 일례로 신령이 미치지 않는 공(空)과 무(無)의 존재를 생각할 수 없었던 중세 유럽인들은 인도에서 전파된 '0'을 접하고 두려움에 떨었다. 이러한 시대에 "모든 것에서 수를 없애보라. 그러면 모든 것이 사라질 것이다."라는 말로 수학이 인류 문명을 건설한 토대가 되었음을 천명한 이는 역설적이게도 성직자 이시도루스였다. 스페인 세비야의 대주교였던 그는 이 세상 문물의 뿌리를 밝히고자 애썼다. 그가 편저한 『어원사전』(Etymologiarum seu Originum libri XX)은 이러한 노력의 산물이라 할 수 있다. 신학, 문법, 수사학, 수학, 의학, 역사 등 당시의 지식을 20권의 책에 집대성하며 그가 깨달은 사실은 세상 모든 것은 수로 규정되고 정리되며 배열된다는 것이다.

Lesson

02

M A T H E M A T I C A L

수학은 국어 시간에 공부해야 한다!

P O T E N T I A L

Lesson

02

MATHEMATICAL

게이오대학교 응시자가 풀어야 할 수수께끼

POTENTIAL

:: 거짓말쟁이 찾아내기

시작한 지 얼마 안 되어 죄송합니다만, 문제를 하나 내보겠습니다. 그리 어려운 문제는 아니니 긴장하실 필요는 없습니다.

[문제] 다음 □안에 들어갈 적당한 번호를 고르시오.
세 명(1, 2, 3번)이 면접을 보고 있다. 이 중 언제나 진실을 말하는 사람은 한 명뿐이고, 다른 두 명은 거짓말쟁이(항상 거짓을 말한다)이다.
1번이 말했다. "2번은 거짓말쟁이입니다." 1번의 발언으로 비추어 볼 때 □번이 거짓말쟁이가 확실하다고 말할 수 있다.

수수께끼 같지만, 2004년 게이오대학교의 환경정보학부 입시에 출제된 문제입니다. 더욱 특별한 점은 이 문제가 바로 '수학' 문제였다는 것입니다. 이 문제는 다음과 같이 생각할 수 있습니다.

:: 추리는 곧 수학 문제다!

[해답]

1번의 발언으로 비추어 볼 때 ③번이 거짓말쟁이가 확실하다고 말할 수 있다.

1번이 진실을 말한다고 가정하면, 거짓말쟁이는 두 명 있으므로 2번과 3번이 거짓말쟁입니다. 반대로 1번이 거짓말쟁이라고 가정하면, 1번이 말한 "2번은 거짓말쟁이입니다"는 거짓입니다. 따라서 2번은 진실을 말하는 사람이 됩니다. 세 명 중 거짓말쟁이는 두 명 있으므로, 어떤 경우에도 3번이

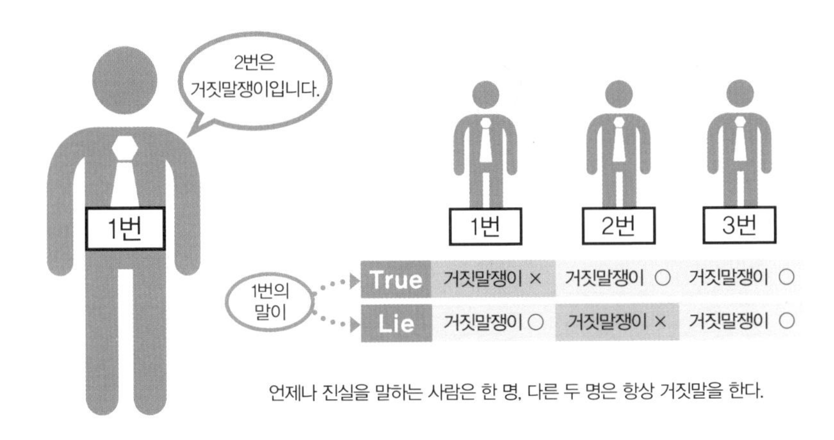

언제나 진실을 말하는 사람은 한 명, 다른 두 명은 항상 거짓말을 한다.

거짓말쟁이 찾아내기 문제에서 알 수 있듯이, 셜록 홈스나 콜롬보 형사가 보여주는 놀라운 추리도 결국은 수학력에 기반을 둔 능력이다.

거짓말쟁이인 것은 확실합니다.

수학력이란 이처럼 논리적으로 생각하는 힘을 말합니다. 계산을 빨리하거나, 방정식을 잘 풀거나, 퍼즐을 잘 맞추는 힘은 수학력의 테두리에서 보면 오히려 식은 죽 먹기나 마찬가지입니다. 수학력이 선사하는 이점을 더욱 실감할 수 있도록 이번 장에서는 국어 지문을 '수학적'으로 풀어 보는 시도를 해볼 것입니다. 선입견을 버리고 저와 함께 차근차근 문제를 풀어 보기 바랍니다. 국어와 수학이 얼마나 긴밀하게 맞닿아 있는지 증명하는 시간이 될 것입니다.

Lesson

02

국어 문제를 수학자가 푼다면

:: 국어 시간에 수학 공부하기

지문을 독해할 때 '문과'인 사람은 자신이 수학적으로 접근하고 있다고는 생각하지도 못할 것입니다. 하지만 개인적인 감상이 아닌 논리적으로 글을 독해하고 있다면, 자신도 모르는 사이 수학적인 발상으로 글을 이해해나가고 있는 것입니다.

2012년 일본 수능시험 국어 과목에 출제되었던 문제를 풀어 보겠습니다. 여기서 중요한 것은 개인의 감정이나 감상은 일절 배제하는 것입니다. 본문에 나온 것을 단서로 해서 논리적으로 문제를 풀어 봅시다. 이것이 가능하다면 수학적인 감각이나 번뜩임에 관계없이 누구든 정답을 도출해 낼 수 있습니다. 특별한 재능이 있고 없고를 떠나 같은 결론에 도달할 수 있다는 점이 바로 '논리'의 커다란 매력입니다.

2012년 일본 수능시험 국어 과목 지문

단락 1 인간뿐만 아니라 모든 생명체는 환경과의 경계면에서 가장 적합한 접촉을 유지함으로써 생명을 유지하고 있다. 자손을 남기기 위해 배우자를 찾아서 생식과 육아를 하고, 비바람과 추위, 더위를 피하고자 주거를 확보하거나 거주지를 바꾼다. 적으로부터 도피하거나 경쟁 상대를 몰아내는 것도, 일반적인 생명 유지 목적에 의한 것이다. 그러나 뭐니 뭐니 해도 생명체가 환경에서 영양을 섭취하는 '식(食)행동'이 환경과의 경계에서 생명을 유지하기 위해 가장 기본적으로 영위(營爲)하는 것임에는 논란의 여지가 없다.

단락 2 생명체는 생명을 유지하기 위해 개개의 개체로서 행동한다. 각 개체는 자신이 처한 고유한 환경과의 접점에서 동종 타개체와 협력하거나, 때로는 동종 타개체나 이종 개체와 경합할 때 자기 자신의 생존을 위해 행동한다. 그 경우, A. 어떤 개체와 관계를 맺는 다른 개체들도 역시 해당 개체의 환경을 구성하는 요건이 된다는 점은 말할 필요도 없다. 더욱이 해당 개체 자신의 모든 조건 - 예를 들어 공복이나 피로의 정도, 성적 욕구, 운동이나 감각 능력 등 - 도 '내부 환경'이라는 의미에서 환경이라는 요건에 추가된다. 이렇게 생각하면 개체와 환경의 접점 혹은 경계가 무엇을 지칭하고 있는지 하나로 확정하는 것은 상당히 어려운 일이다. 개체를 구성하고 있는 전체적인 조건을 모두 환경이라고 간주한다면, 개체란 근본적으로 무엇을 가리키는 것일까. 여기서 말하는 경계의 '반대쪽'에 있는 것이 환경이라는 것은 일단 그렇다 치고, 이 경계의 '우리쪽'에는 무엇이 있는 것일까. 거기에는 개체 혹은 그 유기체만 있다고 단순히 정의할 수 없다.

모든 생명체는 환경과의 경계면에서 가장 적합한 접촉을 유지함으로써 생명을 유지하고 있다.

단락 3 복수 개체일 경우는 어떨까. 이 문제를 간단히 풀기 위해 서로 협력 관계에 있는 두 명의 인간, 예를 들어 부부의 경우를 생각해 보자. 부부라고는 해도 제각각 자신만의 고유한 세계를 살아가고 있는 독립된 개인임에는 변함이 없다. 나는 내 어린 시절부터의 경험과 기억이 집적된 지금의 현재를 살아가고 있으며, 아내 역시 마찬가지이다. 이를 단순히 동화(同化)하거나, 하물며 교환하는 것은 불가능한 일이다. 하지만 어떤 부부라도 결혼 이후 - 다른 부부와는 근본적으로 다른 - 두 사람만의 공동 역사를 가진다. 그리고 공동 역사에 의해 어떠한 사태에 대해서는 특별히 서로 의논하지 않아도 무의식중에 같은 행동을 하는 습관이 생긴다. 그러한 면에서 부부를 하나의 '개체'로 간주해도 무방하다. 마찬가지로 가족이나 오랜 시간 사귀어온 친구 사이처럼 같이 공동의 이해관계로 엮인 그룹 역시 하나의 개체라 할 수 있다. 인간 이외의 동물을 예로 들면, 물고기나 조류, 질서 정연한 사회를 가지는 곤충 등은 군(群) 전체가 하나의 개체처럼 행동하는 경향이 더욱더 분명하게 나타난다.

단락 4 이러한 집단일 경우에도 개체와 마찬가지로 '집단 전체의 존속'이라는 하나의 목적이 있기 때문에 같은 행동을 보이는 것이다. 따라서 개체가 생존을 유지하려고 하는 경우와 마찬가지로, 집단 역시 환경과의 경계면에서 최적의 접촉을 바라고 있다. 그리고 여기에서도 역시 경계의 '우리 쪽'을 단순히 집단 전체라는 개념으로 정의하기는 어렵다. 우선 개인의 경우와 달리 집단에는 환경과 환경 사이의 물리적인 경계선 등이 사실상 존재하지 않으며, 집단을 구성하고 있는 복수의 개체 각각이 집단 전체에 있어서 중요한 내부 환경으로 작용하기 때문이다. 집단을 구성하고 있는 각 개체의 행동은 결코 집단 전체의 행동에 완벽히 동화되지는 않는다. 또한 개체 각각의 개별적인 욕구에 대응하고 있다. 각각의 개체가 각 환경과의 경계면에서 독자적인 생명 유지 행동을 하면서도, 전체로서는 집단의 통일적인 행동이 유지되고 있다. 개별 행동이 전체의 통제를 파괴하는 등의 사태는 절대 일어나지 않는다.

단락 5 생물의 개체 또는 개체라고 간주할 수 있는 집단과 환경의 경계면에서의 생명 유지가 B. 생각지도 못한 복잡한 구조를 지니고 있다는 것은 앞서 살펴본 바와 같다. 그런데 제각각 확고한 자의식(自意識)을 가지고 있는 인간 집단이라면, 그 복잡함 역시 비약적으로 증대된다. 예를 들어, 가족의 경우 외부 환경과의 접촉면에서는 비교적 동일한 행동을 보인다더라도 가족 내부에서는 개개인의 자의식과 자기주장이 동물의 경우와는 비교도 안 될 만큼 표면적으로 강하게 나타난다. 개인의 개별적인 행동이 가족 전체의 조화를 파괴하는 경우도 결코 드문 일이 아니다. 여기서는 인간 이외의 생물에서는 볼 수 없는 '나'와 나 이외의 '타인'과의 대결이 가족이라는 집단의 통합보다도 명확히 우위에 선다. 이와 마찬가지로 가족이 아닌 다른 인간 집단에서도 유사한 사례가 나타난다는 점은 굳이 열거할 필요도 없다.

단락 6 인간이 자의식을 갖게 된 경위에는 여러 가지 가설이 가능하다. 하지만 어찌 됐든 그것이 '진화'(進化)의 산물 중 하나라는 것은 분명하다. 진화의 산물이라는 것은 생존의 목적에 부합한다는 것이다. 자의식을 가짐으로써 인간은 환경과의 절충 속에서 새로운 전략을 손에 넣게 되었다. 그런데 종종 생존에 유리한 자의식이, 마찬가지로 생존을 목적으로 하는 집단 행위와 정면 대립할 때가 있다. 여기에 바로 C. 인간이라는 생명체의 최대 비극이 잠재해 있는 것이다. 자의식이라는 인간의 존엄이 그 본래의 의미를 되찾으려면 어떻게 해야 할까.

단락 7 '나'의 자의식은 단순히 개체의 개별성을 의식하는 정도가 아니다. 개체 각각이 다른 개체와 별개의 존재라는 것을 인지하는 정도의 의식이라면, 필시 다른 동물 대부분 가지고 있을 것이다. 명확한 개체 식별 능력을 갖춘 동물은 적지 않다. 다른 개체를 식별하는 것과 자기 인지(自己認知)는 같은 인지기능의 양면인 셈이다. 그와는 달리 인간은 자기 자신을 '남과 다르다'는 차원을 넘어 '나'로서 의식한다. '나'라는 일인칭 대명사로 표현되는 존재에 다른 모든 개체와는 절대적으로 차원이 다른 '유일무이의 존재'라는 특권 의미를 부여하고 있다. '나'라는 것은 소위 말하는 같은 공간 안의 임의의 점(点)이 아니라 원의 중심에 비유하는 것이 더 정확하다고 할 수 있을 정도로, 다른 어떤 점들과는 질적으로 완전히 다른 특이점(特異點)이다.

단락 8 이러한 '나'로서의 자기와 타인들 사이에서도 정신분석에서 말하는 '자아경계'라는 형태의 경계선을 생각할 수 있다. 일반적으로 말하는 '자타관계'란 이 경계선 상에서 교차하는 심리적인 관계이다. 거기서는 경계를 사이에 둔 두 개의 영역이 그려지며, 타인은 외부 세계에 자신은 내부 세계에 위치하게 된다. D. 그러나 이와 같은 생각은 '나'라는 자신을 특이점으로서 생각할 경우에는 적절하지 않다. '나'를 원의 중심이라고 한다면 나 이외의 모든 타인은 중심의 바깥쪽에 있게 된다. '나' 자신조차 이를 의식한 순간에 중심에서 바깥쪽으로 빠지게 된다. 그런데 중심에는 내부라는 것이 없다. 혹은 그 중심 자체를 '내부'라고 본다면 중심은 '안'과 '밖'의 경계 그 자체가 된다. '나'와 타인과의 관계도 그와 마찬가지로 '나'는 '안'이면서, 동시에 '안'과 '밖'의 경계 그 자체이기도 하다는 비합리적인 위치를 가진다. '나'란 사실은 '자아경계' 그 자체라고도 말할 수 있겠다.

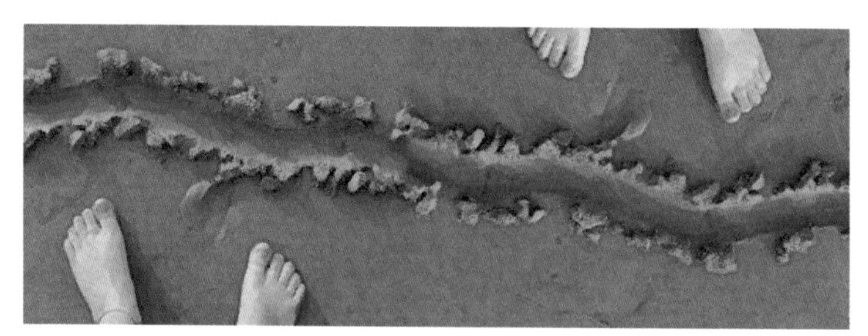

인간의 자의식이란 '나'와 '타인'의 경계를 의식하는 것에서 출발한다.

단락 9 같은 공간에 그려진 경계선과 달리 생명 공간에서의 개체와 환경의 경계는 '우리 쪽'에 있어야 하는 '내부'를 가지지 않는다. 달리 말하면, 생명체 그 자신과 자신이 아닌 것과의 경계 그 자체로써 이 경계를 살아가고 있다. 이러한 자기와 타인의 '경계'를 맹목적으로 살아가는 게 아니라, 의식할 때 비로소 인간적인 사의식이 생겨난다. 그리고 이러한 점은 개개의 개체뿐만 아니라 집단 전체에서도 동일하게 나타난다. 인간의 경우 '나'뿐만이 아니라 '우리'와 타인과의 경계를 의식하고 있다.

단락 10 생명의 영위를 물리 공간에 투영해 보면 모두 '경계'라는 형태를 취하고 있는 것은 아닐까. 반대로 우리 주위의 세계에 있는 모든 경계에서 - 공간적인 경계와 시간적인 경계를 모두 포함하여 - 뭐라고 정의할 수 없는 생명의 기운을 항상 느낄 수 있다고 말해도 좋을 것이다. 이 기운이야말로 경계라는 것을 합리적으로 완벽히 설명할 수 없는 신기한 공간으로 만들어 주는 것이다. 경계란 아직 형태를 갖추지 않은 생명의 거처가 아닐까.

_ 기무라 빈(木村敏)의 『경계로서의 자기』(境界としての自己)에서 발췌

:: 수학자의 해법 1 _ 변주를 찾아내라!

긴 글을 읽느라 고생하셨습니다. 내용이 조금 어렵지요. 하지만 난해한 표현을 이용하는 것은 그만큼 글쓴이가 논리적으로 설명하려 한다는 증거이므로, 논리적으로 독해하기만 하면 글쓴이의 주장을 파악하는 것은 그렇게 어렵지 않습니다.

문제 1

밑줄 친 A "어떤 개체와 관계를 맺는 다른 개체들도 역시 해당 개체의 환경을 구성하는 요건이 된다"에 대한 설명으로 가장 알맞은 것을 다음에서 고르시오.

① 어떤 개체에 있어서 종의 존속을 책임지는 자손과 같은 존재뿐만 아니라 배우자를 둘러싸고 경쟁하는 다른 개체 역시 환경의 일부가 된다.
② 어떤 개체에 있어서 음식을 둘러싼 경쟁 상대뿐만 아니라 협력하며 함께 생활하는 이종 개체 역시 환경의 일부가 된다.
③ 어떤 개체에 있어서 공복이나 피로와 같은 생리 현상뿐만 아니라 생식권에 존재하는 여러 가지 식물 등 역시 환경의 일부가 된다.
④ 어떤 개체에 있어서 기상과 같은 자연환경뿐만 아니라 식행동 등의 상황에서 만나게 되는 다른 개체 역시 환경의 일부가 된다.
⑤ 어떤 개체에 있어서 자신의 생명 유지에 필요한 자연 공간뿐만 아니라 다른 개체와 생활하기 위한 공간 등도 역시 환경의 일부가 된다.

자, 그럼 문제를 풀어 볼까요. 어떤 글에서든 글쓴이는 똑같다고 말할 수 있을 정도로 주장하는 내용을 반복합니다. 하지만 완전히 똑같은 문장을 계속 쓸 수는 없으니 대부분의 경우 조금씩 말을 바꾸면서 주장을 반복하려고 합니다. 그러한 말 바꾸기는 단순히 다른 표현을 쓰거나, 구체적인 예(인용)를 들거나, 비유를 사용하는 등 표현 방법을 달리하며 변주됩니다. 즉, 자신의 주장을 변환(150쪽 '수학적 발상법 3 _ 변환한다' 참조)합니다. 따라서 국어의 독해 문제는 대부분 이러한 변환을 파악함으로써 간단히 해결할 수 있습니다.

텍스트를 논리적으로 독해하기 위한 첫 번째 방법은 표현을 달리하거나 구체적인 예를 들거나 비유를 사용하는 등 같은 내용이 어떻게 반복되는지 파악하는 것이다.
그림은 네덜란드의 판화가 M. C 에셔의 〈도마뱀〉.

글쓴이의 주장 = 다른 표현 = 구체적인 예 또는 인용 = 비유

[문제 1]에서도 역시 밑줄 친 A와 같은 내용을 설명하고 있는 부분을 찾아내면 됩니다. 하지만 그 전에 밑줄 친 A바로 앞의 지시대명사 "그 경우"가 무엇을 가리키는지 확인해 봅시다.

단락 2 생명체는 ③ 생명 유지를 위해 개개의 개체로서 행동한다. ② 각 개체는 자신이 처한 고유한 환경과의 접점에서 동종 타개체와 협력하거나, 때로는 동종 타개체나 이종 개체와 경합할 때 자기 자신의 생존을 위해 행동한다. ① 그 경우, A. 어떤 개체와 관계를 맺는 다른 개체들도 역시 해당 개체의 환경을 구성하는 요건이 된다는 점은 말할 필요

도 없다. 더욱이 해당 개체 자신의 모든 조건 – 예를 들어 공복이나 피로의 정도, 성적 욕구, 운동이나 감각 능력 등 – 도 '내부 환경'이라는 의미에서 환경이라는 요건에 추가된다.

"① 그 경우"란, "② 각 개체는 자신이 처한 고유한 환경과의 접점에서 동종 타개체와 협력하거나, 때로는 동종 타개체나 이종 개체와 경합할 때 자신의 생존을 위해 행동한다"를 가리킵니다. 여기서 말하는 "자기 자신의 생존을 위해 행동한다"는 것은 "③ 생명 유지 행동"을 바꿔 말한 것입니다. 생명 유지 행동의 구체적인 예는 [단락 1]에 다음과 같이 나와 있습니다.

- 자손을 남기기 위해 배우자를 찾아서 생식과 육아 행동을 하고
- 비바람과 추위와 더위를 피하고자 주거를 확보하거나 거주지를 바꾸고
- 적으로부터 도피하거나 경쟁 상대를 몰아내는 것
- 생명체가 그 환경에서 영양을 섭취하는 식행동

밑줄 친 A의 바로 앞에 나오는 "그 경우"의 내용이 어느 정도 분명해졌습니다. 그럼 이제 슬슬 밑줄 친 A의 각 부분을 변환해 볼까요. 우선 밑줄 친 부분의 주어는 다음과 같습니다.

어떤 개체와 관계를 맺는 다른 개체들(주어) = 동종 타개체나 이종 개체

주어 뒤에 나오는 내용을 변환해 보면 다음과 같습니다.

해당 개체의 환경
= 배우자 / 비바람과 추위, 더위 / 적 / 영양을 섭취한다(대상)

여기까지 정리한 후에 다시 문제의 선택지로 돌아가 보겠습니다.

① 어떤 개체에 있어서 종의 존속을 책임지는 자손과 같은 존재뿐만 아니라 배우자를 둘러싸고 경쟁하는 다른 개체 역시 환경의 일부가 된다.

⇒ 자손이나 배우자에만 한정되어 있으므로 정답이 아닙니다.

② 어떤 개체에 있어서 음식을 둘러싼 경쟁 상대뿐만 아니라 협력하며 함께 생활하는 이종 개체 역시 환경의 일부가 된다.

⇒ 이종 개체와 '협력해서 생활했다'고 할 수 없으므로 정답이 아닙니다.

③ 어떤 개체에 있어서 공복이나 피로와 같은 생리 현상뿐만 아니라 생식권에 존재하는 여러 가지 식물 등 역시 환경의 일부가 된다.

⇒ '식물'을 주어로 하고 있으므로 정답이 아닙니다.

⑤ 어떤 개체에 있어서 자신의 생명 유지에 필요한 자연 공간뿐만 아니라 다른 개체와 생활하기 위한 공간 등도 역시 환경의 일부가 된다.

⇒ '공간'을 주어로 하고 있으므로 정답이 아닙니다.

정답은 ④번입니다.

④ 어떤 개체에 있어서 기상과 같은 자연환경뿐만 아니라 식행동 등의 상황에서 만나게 되는 다른 개체 역시 환경의 일부가 된다.

어떤가요? 이처럼 밑줄 친 부분의 바로 앞에 나온 지시대명사와 밑줄 친 부분의 내용을 '변환'에 착안하여 정리해 나가면, '답은 이것밖에 없군!'이라는 느낌으로 자신 있게 문제를 풀 수 있을 것입니다(물론 그렇게 해도 고민할 수밖에 없는 짓궂은 문제도 개중에는 있겠지요).

문제 2

밑줄 친 B. "생각지도 못한 복잡한 구조를 지니고 있다"의 설명으로 가장 알맞은 것을 다음에서 고르시오.

① 외부 환경에서 보면 하나의 개체처럼 보이는 집단이라고 해도 그 내부 환경을 구성하는 각 개체는 집단에서의 자립을 도모하는 것에 의해 개체로서의 존재를 유지하고 있다. 그러므로 내부 환경은 긴장 관계를 항상 내포하고 있다.

② 외부 환경에서 보면 하나의 개체처럼 보이는 집단이라고 해도 생명 유지의 구체적인 국면에서는 내부 개체의 상호이해관계가 표면화되기 쉽다. 그러므로 실제로는 집단행동의 통일성은 항상 변한다.

③ 외부 환경에서 보면 하나의 개체처럼 보이는 집단이라고 해도 그 내부 환경을 구성하는 각 개체는 각각 자유롭게 행동하고 있다. 단, 거기에는 집단으로서 항상 최적의 결과를 창출하는 조정이 행해진다.

④ 외부 환경에서 보면 하나의 개체처럼 보이는 집단이라고 해도 내부에 통제를 파괴하는 행동을 일으키는 개체가 생기는 경우도 있다. 하지만 각 집단의 생명 유지 행동에서 저절로 그 가능성은 봉쇄된다.

⑤ 외부 환경에서 보면 하나의 개체처럼 보이는 집단이라고 해도 그 내부 환경을 구성하는 각 개체는 개개의 욕구에 따라서 활동하고 있다. 그럼에도 불구하고 생명 유지에 필요한 집단의 결속은 잃지 않는다.

논리적이기 위해서 가장 중요한 것은 결론을 보기 전에 전제나 가정을 정확히 확인하는 것입니다. 이런 순서를 지키지 않는다면(133쪽 '수학적 발상법 2_순서를 지킨다' 참조) 도출한 결론을 신뢰할 수 없습니다. 예를 들어 한 잡지에 '미국에서 대인기'라는 카피를 전면에 내세운 청소기 광고가 실렸다고 가정해 봅시다. 그런데 그 청소기를 한국에서도 문제없이 사용할 수 있다는 보장은 없습니다. 어쩌면 그 청소기는 미국 가정에 특화시키는 것을 전제로 만들어졌을지도 모릅니다. 한국과 미국의 주택 사정은 많이 달라서 여러 가지 사항을 신중히 검토할 필요가 있습니다. [문제 2]는 바로 이러한 전제에 주목하면 쉽게 풀 수 있습니다.

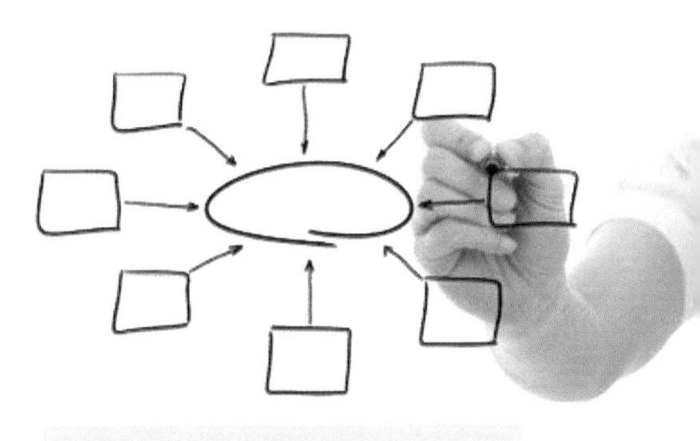

텍스트를 논리적으로 독해하기 위한 두 번째 방법은 먼저 전제를 정확히 파악한 후, 결론을 도출하는 것이다.

밑줄 친 부분의 바로 다음에 "앞에서 알아본 바와 같다"는 말이 있습니다. 그러니 밑줄 친 부분과 바꿔 말할 수 있는 말은 바로 앞 단락(단락 4)에서 찾으면 된다는 것을 알 수 있습니다. 바로 앞 단락의 첫머리에는 "이러한 집단의 경우"라는 말이 있습니다.

[전제]

이러한 집단의 경우 = 인간 이외의 동물

즉, 이 단락 전체는 물고기나 조류, 곤충을 말하는 것임에 주의합시다. 또한 밑줄 친 부분의 내용 중 '복잡한 구조'는 '복잡'이라는 단어에 주의하면 다음과 같이 변환할 수 있습니다.

[변환]

복잡한 구조

= 경계의 '우리 쪽'을 단순히 집단 전체라는 개념으로 정의하기는 어렵다.

= 집단을 구성하고 있는 복수의 개체 각각이 집단 전체에 있어서 중요한 내부 환경으로 작용하기 때문이다.

그리고 '복잡함'의 구체적인 내용은 단락의 맨 마지막에 다음과 같이 정리되어 있습니다.

[결론]

각각의 개체가 각 환경과의 경계면에서 독자적인 생명 유지 행동을 하면서도, 전체로서는 집단의 통일적인 행동이 유지되고 있다. 개별 행동이 전체의 통제를 파괴하는 등의 사태는 절대 일어나지 않는다.

문장의 마지막에 "일어나지 않는다"라는 말이 있습니다. 이것은 인간 특유의 '자의식'에 의한 조정이나 강제의 결과가 아닌, 인간을 제외한 동물의 자연 발생적인 현상임을 우선 확인해 둡시다. 이제 선택지로 돌아가 볼까요.

① 외부 환경에서 보면 하나의 개체처럼 보이는 집단이라고 해도 그 내부 환경을 구성하는 각 개체는 집단에서의 자립을 도모하는 것에 의해 개체로서의 존재를 유지하고 있다. 그러므로 내부 환경은 긴장 관계를 항상 내포하고 있다.

⇒ "각 개체는 집단에서의 자립을 도모하는 것에 의해 개체로서의 존재를 유지하고 있다." "내부 환경은 긴장 관계를 항상 내포하고 있다"는

내용은 본문에 없으므로 정답이 아닙니다.

② 외부 환경에서 보면 하나의 개체처럼 보이는 집단이라고 해도 생명 유지의 구체적인 국면에서는 내부 개체의 상호이해관계가 표면화되기 쉽다. 그러므로 실제로는 집단행동의 통일성은 항상 변한다.

⇒ "내부 개체의 상호이해관계가 표면화되기 쉽다." "집단행동의 통일성은 항상 변한다"는 내용은 본문에 없으므로 정답이 아닙니다.

③ 외부 환경에서 보면 하나의 개체처럼 보이는 집단이라고 해도 그 내부 환경을 구성하는 각 개체는 각각 자유롭게 행동하고 있다. 단, 거기에는 집단으로서 항상 최적의 결과를 창출하는 조정이 행해진다.

⇒ "집단으로서 항상 최적의 결과를 창출하는 조정이 행해진다"는 내용은 자연 발생적인 뉘앙스와는 맞지 않으므로 정답이 아닙니다.

④ 외부 환경에서 보면 하나의 개체처럼 보이는 집단이라고 해도 내부에 통제를 파괴하는 행동을 일으키는 개체가 생기는 경우도 있다. 하지만 각 집단의 생명 유지 행동에서 저절로 그 가능성은 봉쇄된다.

⇒ "각 집단의 생명 유지 행동에서 저절로 그 (파괴 행동의) 가능성은 봉쇄된다"는 내용은 자연 발생적인 뉘앙스와는 맞지 않으므로 정답이 아닙니다.

정답은 ⑤번입니다.

이 문제는 비교적 간단했습니다.

⑤ 외부 환경에서 보면 하나의 개체처럼 보이는 집단이라고 해도 그 내부 환경을 구성하는 각 개체는 개개의 욕구에 따라서 활동하고 있다. 그럼에도 불구하고 생명 유지에 필요한 집단의 결속은 잃지 않는다.

:: 수학자의 해법 3 _ 수학에서 아름다움을 발견하라!

문제 3

밑줄 친 C. "인간이라는 생명체의 최대 비극"에 대한 설명으로 가장 알맞은 것을 고르시오.

① 인간은 자의식을 가짐으로써 환경에 더욱 적합한 접촉이 가능해졌지만, 때에 따라서는 개체의 의식과 집단의 목적 간에 모순이 생겨서 집단을 붕괴에 이르게 하는 사태나 개체의 존속을 위협하는 현실까지 초래할 수도 있다.

② 인간은 자의식을 가짐으로써 다른 생물에서는 볼 수 없는 굳건한 집단 유지라는 목적을 공유하는 사회를 형성했지만, 때에 따라서는 집단 전체의 통제를 우선해서 개체의 욕구를 억압하는 상황이 발생할 수도 있다.

③ 인간은 자의식을 가짐으로써 환경과의 조화를 잘 이룰 수 있게 되었지만, 때에 따라서는 생존 경쟁에서 다른 생물과의 대결 능력이 약해져 종의 존속이 위태로워질 수 있다는 가능성도 내포하게 되었다.

④ 인간은 자의식을 가짐으로써 다른 생물로부터 전략적으로 몸을 지킬 수 있게 되었지만, 때에 따라서는 집단을 방어하는 의식의 과잉으로 인해 집단 간의 이해를 둘러싼, 다른 생물에서

는 보이지 않는 형태의 경쟁이 일어날 수도 있다.

⑤ 인간은 자의식을 가짐으로써 더욱 유익한 환경과의 접점을 획득했지만, 때에 따라서는 환경에 큰 변화를 초래하여 자신의 집단 유지 행동까지 위협할 정도의 심각한 사태에 빠질 수도 있다.

이따금 수학은 무미건조하며 번거롭다는 인상을 받게 될 때가 있습니다. 문자와 숫자의 나열에 차가움을 느끼는 사람도 있겠지요. 하지만 진정한 수학은 전혀 다릅니다. 수학은 언어이며, 심지어 아름답기까지 합니다. 이 아름다움을 만끽하기 위해서 수학적인 미적 감각을 연마(268쪽 '수학적 발상법 7_미적 감각을 기른다' 참조)하는 것은 큰 의미가 있습니다. 논리적인 것 그 자체도 '아름답지만', 수학이 가지는 대칭성이나 통일성이야말로 미를 상징하는 직접적인 표현 방식이 아닐까 생각합니다.

논리적인 글에서는 이 수학적인 아름다움을 많이 엿볼 수 있습니다. 그중에서도 좋은 대조를 이루는 두 개의 예를 나열하여 논하는 방법은 논설문에서 자주 볼 수 있는 구조입니다. 거기에서 구조적인 대칭성을 느낄 수 있습니다.

[문제 3]에서는 이러한 대립 구조(대칭성)에 주목해 봅시다. 밑줄 친 C에는 "인간이라는 생명체"라는 말이 있습니다. [문제 2]에서 주목한 단락은 "인간 이외의 동

텍스트를 논리적으로 독해하기 위한 세 번째 방법은 대립하는 구조, 즉 대조를 파악하는 것이다.

물"에 대한 설명이었죠. 그럼 인간 이외의 동물과 인간을 대비시켜 보겠습니다.

인간 이외의 동물일 경우

개별 행동이 전체의 통제를 파괴하는 등의 사태는 절대 일어나지 않는다.

인간의 경우

원래는 생존에 유리한 자의식이, 마찬가지로 생존을 목적으로 하는 집단 행위와 정면 대립할 때가 있다.

밑줄 친 C의 "인간이라는 생명체의 최대 비극"이란 생물 중에서 인간만이 '자의식'과 '집단행동'이 '정면 대립한다'는 모순을 나타냅니다. '자의식'이란 말은 다소 어려울 수 있으므로, 다음과 같이 변환하겠습니다.

[변환]
자의식 = '진화'의 산물 중의 하나 = 생존의 목적에 부합 = 새로운 전략

이제 선택지를 보겠습니다.

② 인간은 자의식을 가짐으로써 다른 생물에서는 볼 수 없는 굳건한 집단 유지라는 목적을 공유하는 사회를 형성했지만, 때에 따라서는 집단 전체의 통제를 우선해서 개체의 욕구를 억압하는 상황이 발생할 수도 있다.

⇒ "집단 전체의 통제를 우선해서 개체의 욕구를 억압"은 정반대의 내용이므로 정답이 아닙니다.

③ 인간은 자의식을 가짐으로써 환경과의 조화를 잘 이룰 수 있게 되었지만, 때에 따라서는 생존 경쟁에서 다른 생물과의 대결 능력이 약해져 종의 존속이 위태로워질 수 있다는 가능성도 내포하게 되었다.

⇒ "다른 생물과의 대결 능력이 약해져"는 본문에 없으므로 정답이 아닙니다.

④ 인간은 자의식을 가짐으로써 다른 생물로부터 전략적으로 몸을 지킬 수 있게 되었지만, 때에 따라서는 집단을 방어하는 의식의 과잉으로 인해 집단 간의 이해를 둘러싼, 다른 생물에서는 보이지 않는 형태의 경쟁이 일어날 수도 있다.

⇒ "집단을 방어하는 의식의 과잉으로"는 본문에 없으므로 정답이 아닙니다.

⑤ 인간은 자의식을 가짐으로써 더욱 유익한 환경과의 접점을 획득했지만, 때에 따라서는 환경에 큰 변화를 초래하여 자신의 집단 유지 행동까지 위협할 정도의 심각한 사태에 빠질 수도 있다.

⇒ "환경에 큰 변화를 초래하여"는 본문에 없으므로 정답이 아닙니다.

따라서 정답은 ①번입니다.

① 인간은 자의식을 가짐으로써 환경에 더욱 적합한 접촉이 가능해졌지만, 때에 따라서는 개체의 의식과 집단의 목적 간에 모순이 생겨서 집단을 붕괴에 이르게 하는 사태나 개체의 존속을 위협하는 현실까지 초래할 수도 있다.

문제 4

밑줄 친 D. "그러나 이와 같은 생각은 '나'라는 자신을 특이점으로서 생각할 경우에는 적절하지 않다"에서 글쓴이가 적절하지 않다고 판단한 이유에 대한 설명으로 가장 알맞은 것을 고르시오.

① 타개체와 자기를 식별하는 것을 인간의 인지기능으로 보는 견해는 자기와 타인 간에 그려진 절대적인 경계선의 존재를 전제한다. 하지만 자기를 원의 중심과 같은 존재라고 간주할 경우 '나'라는 존재의 내부 세계에 대한 의미가 바뀌어 경계는 상대적인 것이 되기 때문이다.

② 세상 속에서 특이한 자기의 위치를 규정하는 정신분석적인 '나'의 관점은 경계선을 같은 공간에 설정함으로써 안정적으로 성립한다. 하지만 자의식으로서의 '나'는 경계선 상에 있으므로 필연적으로 타인보다 자신을 더욱 특권화해 버리기 때문이다.

③ 타인이 속하는 외부 세계와의 대립 관계에서 자기를 바라보는 견해는 경계로 나뉜 공간적인 내부 세계를 가정하고 있다. 따라서 절대적인 이질성을 가지는 '나'의 자의식은 내부 공간을 가지지 않는 원의 중심과 같은 것이므로, 오히려 타인과의 경계 그 자체이다.

④ 개체의 외부에 경계를 설정하여 자기의 절대적인 이질성을 확립하는 '나'의 세계를 바라보는 견해는 특권적인 1인칭 대명사의 작용으로 크게 지배된다. 하지만 타인도 같은 언어의 작용으로 내부 세계를 바라본다고 가정하면 경계는 공유되기 때문이다.

⑤ 모든 타인은 외부 세계에 두고 자기를 내부 세계에 가둬 버리는 것과 같이 '나'를 바라보는 견해는 인지기능 상의 절대적인 경계선을 가정하는 것이다. 하지만 해당 내부 세계에 있는 자의식은 자신이

공간적 중심에 있는 것을 합리적으로 증명할 수 없으므로 '나'는 오히려 경계선 상에 있다고 말할 수밖에 없다.

산수에서 수학으로 과목명이 바뀌었을 때의 큰 변화는 음수(陰數)를 다루게 된 점과 문자를 사용하게 되었다는 점입니다. 특히 문자를 숫자처럼 다루게 되면서 우리는 사물을 추상화(180쪽 '수학적 발상법 4_추상화한다' 참조)하기 위한 아주 강력한 무기를 손에 넣었습니다. 약간 어폐가 있기는 하지만 수학은 언제나 구체적인 현상을 추상화하는 것을 염두에 두고 있습니다. 왜냐하면 추상화에 성공하면 사물의 본질이 나타나기 때문입니다. 물론 추상화는 문자를 사용하지 않아도 실현 가능합니다. 그 일례가 바로 '도식화'(모델화)입니다.

본문 내용 중에도 경계선이나 원 등의 말이 나오므로 아마도 글쓴이 역시 머릿속에서 말하고자 하는 바를 도식화하면서 써내려갔을 것으로 짐작됩니다. 물론 그렇지 않다고 하더라도 문장을 도식화해 보는 것은 논지를 이해하는 데 아주 큰 도움이 됩니다.

최근에 '인포그래픽'(Infographics:Information+graphics)이라는 말을 자주 듣습니다. 복잡한 정보를 한 장의 그림으로 요약해 정리하는 정보 전달 방식을 말합니다. 특별히 이런 예를 들지 않아도 그림이나 그래프를 이용하여 개념을 시각화하는 것이 사물의 이해를 도와준다는 것은 말할 필요도 없을 것입니다.

그럼, 밑줄 친 D 주위에 기술된 내용을 그림으로 한 번 표현해 보겠습니다.

텍스트를 논리적으로 독해하기 위한 네 번째 방법은 구체적인 사실을 추상화하는 것이다. 추상화에 성공하면 사물의 본질이 나타난다.
사진 속 작품은 큐비즘(형태의 본질을 객관적으로 파악하고자 사물을 여러 시점과 입체적으로 표현한 미술 사조)의 대표적인 화가 피카소의 〈게르니카〉. 게르니카는 스페인 내전을 주제로 전쟁의 비극을 표현한 작품이다.

단락 8 이러한 '나'로서의 자기와 타인들 사이에서도 정신분석에서 말하는 '자아경계'라는 형태의 경계선을 생각할 수 있다. 일반적으로 말하는 '자타관계'란 이 경계선 상에서 교차하는 심리적인 관계이다. 거기서는 ① 경계를 사이에 둔 두 개의 영역이 그려지며, 타인은 외부 세계에 자신은 내부 세계에 위치하게 된다. D. 그러나 이와 같은 생각은 '나'라는 자신을 특이점으로서 생각할 경우에는 적절하지 않다. ② '나'를 원의 중심이라고 한다면 나 이외의 모든 타인은 중심의 바깥쪽에 있게 된다. '나' 자신조차 이를 의식한 순간에 중심에서 바깥쪽으로 빠지게 된다. 그런데 ③ 중심에는 내부라는 것이 없다. 혹은 그 중심 자체를 '내부'라고 본다면 중심은 '안'과 '밖'의 경계 그 자체가 된다. '나'와 타인과의 관계도 그와 마찬가지로 '나'는 '안'이면서, 동시에 '안'과 '밖'의 경계 그 자체이기도 하다는 비합리적인 위치를 가진다. ④ '나'란 사실은 '자아경계' 그 자체라고도 말할 수 있겠다.

"① 경계를 사이에 둔 두 개의 영역이 그려지며, 타인은 외부 세계에 자신은 내부 세계에 위치하게 된다"는 〈그림 1〉과 같은 그림이 됩니다.

〈그림 1〉

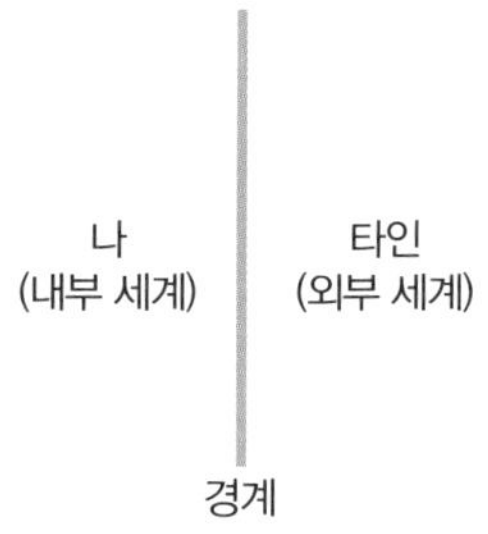

나
(내부 세계)

타인
(외부 세계)

경계

이와 달리 "② '나'를 원의 중심이라고 한다면 나 이외의 모든 타인은 중심의 바깥쪽에 있게 된다"의 내용을 그림으로 표현하면 〈그림 2〉와 같겠지요.

여기서 글쓴이는 "③ 중심에는 내부라는 것이 없다"고 했습니다. 〈그림

2〉에서는 편의상 중심에도 작은 원을 그려서 검게 칠했습니다. 하지만 원래 '점'이란 '위치만 있고 크기는 없는 도형'을 말하므로, 점은 "③ 중심에는 내부라는 것이 없다"라는 것이 됩니다. 여기서 '나'를 원의 중심이라고 생각한다면 "④ '나'란 사실은 '자아경계' 그 자체라고도 말할 수 있겠다"는 결론이 나옵니다.

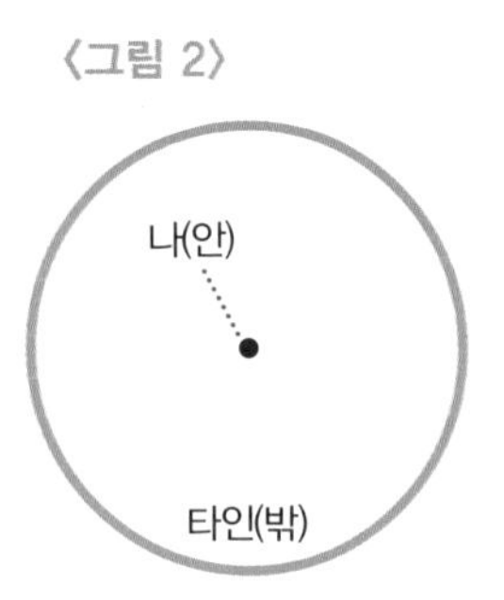

그럼, 선택지를 한 번 볼까요.

① 타개체와 자기를 식별하는 것을 인간의 인지기능으로 보는 견해는 자기와 타인 간에 그려진 절대적인 경계선의 존재를 전제한다. 하지만 자기를 원의 중심과 같은 존재라고 간주할 경우 '나'라는 존재의 내부 세계에 대한 의미가 바뀌어 경계는 상대적인 것이 되기 때문이다.

⇒ "'나'라는 존재의 내부 세계에 대한 의미가 바뀌어"는 본문에 없으므로 정답이 아닙니다.

② 세상 속에서 특이한 자기의 위치를 규정하는 정신분석적인 '나'의 관점은 경계선을 같은 공간에 설정함으로써 안정적으로 성립한다. 하지만 자의식으로서의 '나'는 경계선 상에 있으므로 필연적으로 타인보다 자신을 더욱 특권화해 버리기 때문이다.

⇒ "타인보다 자신을 더욱 특권화해"는 본문에 없으므로 정답이 아닙니다.

④ 개체의 외부에 경계를 설정하여 자기의 절대적인 이질성을 확립하는 '나'의 세계를 바라보는 견해는 특권적인 1인칭 대명사의 작용으로 크게 지배된다. 하지만 타인도 같은 언어의 작용으로 내부 세계를 바라본다고 가정하면 경계는 공유되기 때문이다.

⇒ "경계는 공유되기 때문이다"는 본문에 없으므로 정답이 아닙니다.

⑤ 모든 타인은 외부 세계에 두고 자기를 내부 세계에 가둬 버리는 것과 같이 '나'를 바라보는 견해는 인지기능 상의 절대적인 경계선을 가정하는 것이다. 하지만 해당 내부 세계에 있는 자의식은 자신이 공간적 중심에 있는 것을 합리적으로 증명할 수 없으므로 '나'는 오히려 경계선 상에 있다고 말할 수밖에 없다.

⇒ "자신이 공간적 중심에 있는 것을 합리적으로 증명할 수 없으므로"와 같은 내용은 전혀 언급되어 있지 않으므로 정답이 아닙니다.

정답은 ③번입니다.

③ 타인이 속하는 외부 세계와의 대립 관계에서 자기를 바라보는 견해는 경계로 나뉜 공간적인 내부 세계를 가정하고 있다. 따라서 절대적인 이질성을 가지는 '나'의 자의식은 내부 공간을 가지지 않는 원의 중심과 같은 것이므로, 오히려 타인과의 경계 그 자체이다.

문제 5

이 글의 논지 전개에 관한 설명으로 가장 알맞은 것을 다음에서 고르시오.

① 먼저 환경과의 경계면에서의 생명을 유지하려는 의지에 대해서 개개의 개체일 경우와 복수의 개체일 경우, 두 차이를 명확히 하고 있다. 다음으로 문제는 집단과 자기와의 관계성에 있다는 지적에 대해 언급한다. 마지막으로 인간의 자의식이 자기와 타인의 경계에서만 생길 수 있다는 결론에 대해서 생명의 영위를 물리 공간에 투영하는 방법을 통해 입증하고 있다.

② 먼저 환경과의 경계면에서의 생명을 유지하려는 의지에 대해서 군 전체나 가족 전체라는 집단을 대상으로 고찰하고 있다. 다음으로 개개의 집단에 대한 관계가 그 복잡함을 증대시키고 있다고 지적한다. 마지막으로 개개의 개체뿐만 아니라 집단 전체에서도 마찬가지로 타인과의 경계를 살며, 그것을 자기가 의식하고 있다는 결론을 검증하고 있다.

③ 먼저 모든 생물이 환경과의 경계면에서 환경과 최적의 접촉을 유지함으로써 생명을 유지하고 있다는 결론을 명시하고 있다. 다음으로 첫머리에 나온 결론을 개체와 집단일 경우에 적용하여 검증한다. 마지막으로 개체와 환경 간 경계에서 생명 영위에 대한 관찰을 설명함으로써 앞서 나온 결론으로 다시 돌아가고 있다.

④ 먼저 환경과의 경계면에서 생명을 유지하려는 의지에 대해서 개체와 집단, 두 가지 경우를 대상으로 고찰하고 있다. 다음으로 다른 생물에 비해 인간은 자의식의 존재가 집단과 개체의 관계를 어렵게

하고 있다고 지적한다. 마지막으로 인간의 자의식은 경계를 의식하는 것에서 생겨나며, 거기에 생명의 영위가 있다는 결론으로 이끌고 있다.

⑤ 먼저 환경과의 경계면에서 생명을 유지하려는 의지에 대해서 '그 경계에는 무엇이 있는가'라는 문제를 제시하고 있다. 다음으로 그 문제를 일반화하기 위해 자의식의 존재에 착안한다. 마지막으로 '나'를 비롯한 '우리'라는 인간과 더불어 모든 생물에게 있어서 생명의 영위는 경계라고 불리는 곳에서만 완전한 형태로 있을 수 있다고 결론짓고 있다.

제가 '국어력'이 '수학력'의 원천이라고 주장하는 근거 중의 하나는 '줄거리를 파악'하는 능력을 국어력의 하나로 손꼽기 때문입니다. 쓸데없는 디테일은 생략하고 전체를 큰 줄기로 만들 수 있는 능력은 곧, 정보 정리력(94쪽 '수학적 발상법 1_정리한다' 참조)이며 본질을 파악하는 추상화 능력이기도 합니다.

텍스트를 논리적으로 독해하기 위한 다섯 번째 방법은 세부적인 디테일은 생략하고 큰 줄기를 중심으로 정보를 정리하는 것이다.
그림은 영국의 뮤지션 존 레넌(John Lennon)이 세부적인 묘사는 과감히 생략하고 인상적인 특징만 뽑아 표현한 자신의 얼굴이다.

앞에서 풀어본 문제들에서 정리한 내용을 참고삼아 단락별로 내용을 정리해 보면 다음과 같습니다.

단락 1 | 모든 생물은 환경과의 경계에서 생명을 유지한다.

단락 2 | 개개의 개체는 동종 타개체나 이종 개체와의 경합 관계 속에서 생존을 위해 행동한다.

단락 3 | 복수의 개체도 '하나'의 개체로 간주할 수 있는 경우가 있다.

단락 4 | 인간 이외의 동물은 개별 행동이 전체의 통제를 파괴하는 경우가 없다.

단락 5 | 인간은 자의식에 의한 개별 행동이 전체를 파괴하는 경우가 있다.

단락 6 | 진화의 산물인 자의식이 생명을 유지하고자 하는 집단행동과 대립하는 것은 인간 특유의 비극이다.

단락 7 | 인간인 '나'는 유일무이의 특권적인 의미에서의 '특이점'이다.

단락 8 | '나'는 원의 중심처럼 '안'이면서 경계 그 자체이기도 하다.

단락 9 | 인간의 '자의식'은 경계를 의식함으로써 생겨난다.

단락 10 | 모든 경계에는 생명의 기운이 있으며 생명을 유지하려 한다.

이 문제는 다른 선택지를 검토할 필요도 없이 ④번이 정답입니다.

Lesson

02

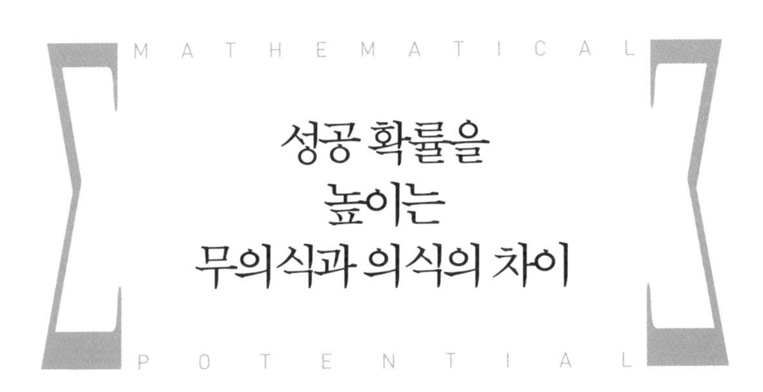

성공 확률을 높이는 무의식과 의식의 차이

:: 운 좋게 맞춘 것도 결국은 실력이다!

국어 문제를 수학적인 관점에서 풀어봤습니다. 풀이 과정을 보며 어떤 생각이 드셨나요? 아마도 '굳이 그런 식으로 생각하지 않아도 풀 수 있는 문제인데…….', '억지야'라는 의견이 많을 것입니다. 하지만 그렇게 생각하고 있다는 것은 달리 말해 여러분에게는 이미 '수학력'이 잠재되어 있다는 증거입니다. 또한 지금까지 이러한 풀이 방법을 의식하지 못했던 사람은 돌이켜보면 학교에 다닐 때 국어는 자신 있었는데도 불구하고 점수가 들쑥날쑥했을 것입니다.

수학력을 의식하고 있지 않으면 무의식중에 논리적으로 생각한 것임에도 불구하고, 어쩌다 보니 운 좋게 풀 수 있었던 것이라고 느끼게 됩니다.

:: 수학력을 의식하면 정답에 이르는 길이 빠르고 정확해진다

혹시 사이토 히데오(齊藤秀雄)*라는 사람을 아시나요? 그는 일본에서 유명한 지휘자 오자와 세이지(小澤征爾)**의 스승이자 유수의 쟁쟁한 지휘자들을 육성한 훌륭한 음악 교육자입니다.

사이토 히데오가 고안한 '사이토 지휘법'은 현재 '사이토 메소드'(Saito-method)라 불리며 세계 각국의 음악학교에서 가르치고 있습니다. 지휘자를 꿈꾸는 사람이라면 필수적으로 공부해야 할 내용이지요. 어떻게 유럽인이 아닌 아시아인이 고안한 지휘법이 서양 음악의 세계적인 표준이 될 수 있었을까요?

지휘자의 팔 움직임은 오케스트라에게 지휘자의 의도를 전달하는 일종의 언어다.

사실 사이토 지휘법 자체에는 기발하다거나 독특한 점은 별로 없습니다. 사이토 지휘법의 특별함은 당시 대부분 지휘자가 무의식적으로 움직였던 팔동작에 '두드림', '튕김', '평균운동'이라는 이름을 붙여서, 그것을 지휘자들에게 의식하게 했다는 점입니다. 이에 따라 지휘자는 자신의 팔 움직임을 의식하게 되고, 전달하고자 하는 것을 명확하게 표현할 수 있게 되었습니다. 결과적으로 연주자나 가수도 지휘자의 의도를 이해할 수 있게 되어 사이토 지휘법은 '알기 쉬운 지휘법'으로써 세계적인 위치를 확립하게 되었습니다.

사이토 히데오는 왜 지휘 방법론을 고안했을까요. 그의 의도를 알 수 있는 말이 있어 옮겨봅니다. "음악 교육에서 가장 중요한 것은 음악의 문법이다. 음악도 일종의 전달 수단이며 말이 아닌 소리로 이야기를 전달하는 이상, 서로가 공유할 수 있는 공통어가 필요하다. 명연주자들의 연주를 들으면 알 수 있듯이 '음악은 법칙 같은 것은 없고 있는 것은 감각뿐이다'라는 말은 잘못되었다. 음악의 문법을 모르고 연주를 들었을 때는 '잘하는데' 또는 '기분 좋게 들리는데' 정도로 막연하게 이해했던 것도, 법칙을 알고 들으면 모두가 법칙에 충실하게 연주하고 있다는 것을 알 수 있다."

지휘자가 의식적으로 팔을 움직이게 됨으로써 자신의 곡 해석을 연주자와 가수에게 더 정확하게 전달할 수 있었던 것은 우리가 수학력을 의식했을 때에도 똑같이 적용할 수 있습니다. 지금까지 무의식적으로 사용하고 있던 수학력을 확실히 의식할 수 있게 되면 더 확실히, 더 신속하게 정답을 도출할 수 있습니다.

Σ사이토 히데오(齋藤秀雄, 1902~1974년)

첼리스트이자 지휘자, 음악 교육자로 일본의 제1 세대 음악인이다. 지휘자의 지휘 운동에 담긴 의미가 연주자나 가수에게 쉽고 명료하게 전달될 수 있는 지휘 방법의 체계를 정립했다. 일본의 대표적인 음악교육기관인 도호음악원의 설립자이기도 하다. 일본 나가노현 마쓰모토시에서는 해마다 여름이면 사이토 히데오를 기념하는 '사이토 기념 페스티벌'이 열린다.

Σ오자와 세이지(小澤征爾, 1935년~)

사이토 히데오가 세운 도호음악원의 1기 졸업생이다. 도호음악원을 졸업한 뒤 각종 콩쿠르를 석권하고 카라얀에게 사사 받은 후 번스타인의 부지휘자를 거쳤다. 미국 5대 오케스트라 중 하나인 보스턴 심포니 오케스트라에서 29년이라는 최장기간 음악감독으로 활동했다. 모든 장르를 통틀어 전후 일본이 낳은 유일한 세계 정상급 예술인으로 꼽힌다. 독특한 작품해석과 열정적인 지휘 자세로 공연마다 화제를 불러일으키고 있다.

오자와 세이지가 역동적으로 지휘하는 모습.

"세계는 수학 언어로 쓴 한 권의 책"

갈릴레오 갈릴레이 Galileo Galilei, 1564~1642년

천체망원경을 개발하여 이 땅에서 태양과 달, 행성들을 탐구함으로써 하늘을 땅으로 끌어 내린 과학자 갈릴레이 갈릴레오는 "세계는 수학이라는 언어로 쓰인 장대한 책"이라며 만물과 우주를 설명하는 열쇠를 수학이 쥐고 있다고 보았다. "'자연'은 이 거대한 책, 우리 앞에 끝없이 펼쳐진 우주에 쓰여 있다. 그러나 우리가 이 책의 언어를 이해하지 못한다면, 이 언어를 이루는 문자를 읽어내지 못한다면 이 책을 어찌 이해할 수 있겠는가! 우주는 수학이란 언어로 쓰여 있으며, 그 문자는 삼각형과 원 등 기하학적 도형들이다. 따라서 수학을 모른다면 우주에 쓰인 하나의 글조차 읽어낼 수 없을 것이다. 수학을 모른다면 우리는 어두운 미로 속에서 한없이 헤맬 수밖에 없을 것이다." "지구는 태양 주위를 도는 별에 지나지 않는다"는 코페르니쿠스의 주장이 이단시될 때, 이를 인정하던 혁신적인 사람들조차 수학과 자연을 하나로 보지 않았다. 그들은 수학적으로 지동설이 가능하지만, 자연은 수학적 의미와 관계가 없다고 여겼다. 반면 갈릴레오는 수학이 곧 자연의 언어이고 수학을 통해서 자연을 이해할 수 있다고 믿었다. 갈릴레오가 남긴 가장 중요한 업적은 자연계를 설명하는 데 있어 수학의 위력을 보여준 것이다.

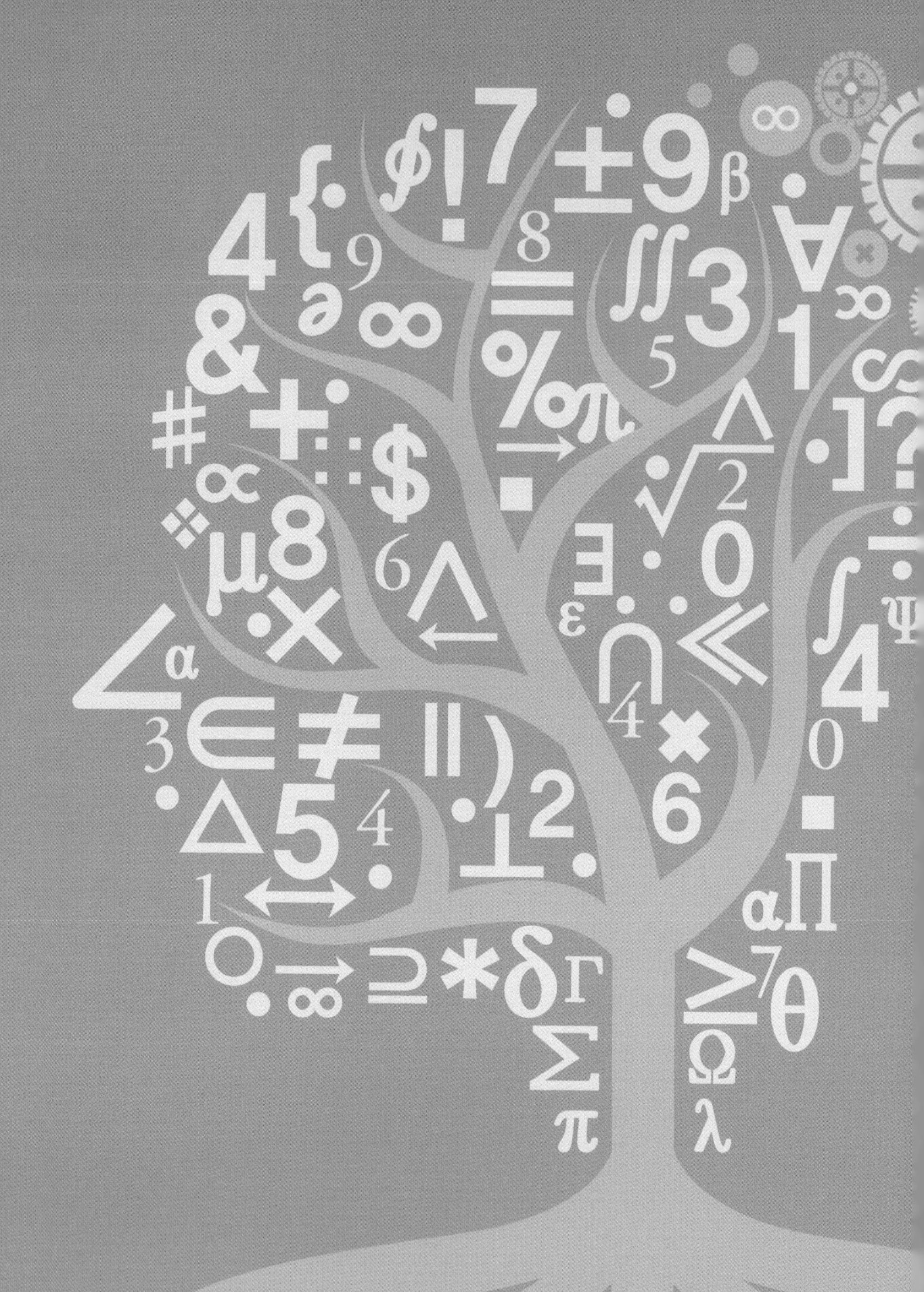

Lesson
03

M A T H E M A T I C A L

수학적 발상법 1
정리한다

P O T E N T I A L

Lesson

03

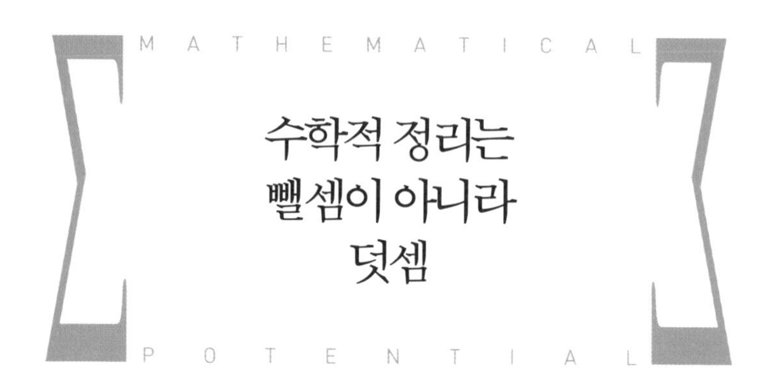

수학적 정리는 뺄셈이 아니라 덧셈

:: 정리를 통해 정보의 양 늘리기

수학력을 끌어 올리는 첫 번째 방법은 '정리하기'입니다. '깔끔하게 정리하는 것이 어떻게 수학적인 거지?'라고 의아해하실지 모르겠습니다. 정리라고 해서 단순히 정연하게 배치하는 것이라면 '수학적'이라고 할 수 없습니다. 애초에 저 같은 사람보다 정리 정돈의 프로에게 조언을 구해야 더 깨끗한 방으로 만들 수 있겠지요.

제가 말하는 '수학적인 정리'란 소위 말하는 어질러진 방을 깔끔히 정리 정돈하는 것과는 조금 다릅니다. 수학적인 정리는 숨겨진 정보를 끄집어내기 위한 행동입니다. 그것은 명확한 룰을 기준으로 정보를 분류하거나, 곱셈식으로 정리하거나, 체크 리스트를 만드는 것 등입니다. 수학적으로 정리함으로써 결과적으로 깔끔하게 정돈되기는 하지만, 그것이 최종 목적은 아닙니다. 더 많은 정보를 얻기 위한 정리야말로 수학적인 정리입니다.

:: 모두에게 칭찬받는 와인 고르는 법

예를 들어보겠습니다. 여러분이 와인 수집가라고 가정하고 집에 좋아하는 와인이 300병 이상 있다고 합시다. 이 와인을 정리하려고 할 때, 다음 A, B, C 중 어떤 정리 방법이 가장 수학적인 정리일까요? 와인 정보, 즉 맛에 대한 정보를 많이 얻을 수 있는 정리는 무엇이냐는 관점에서 생각해 보시기 바랍니다.

A. 빈티지(생산연도) 순으로 진열

B. 원산지별로 진열

C. 포도 품종별로 진열

사람들을 초대해서 자랑스러운 컬렉션을 선보일 때는 아마도 빈티지 순으로 진열하는 A가 가장 보기 좋겠지요. 앞에 진열된 와인을 보여주면 "와! 이렇게 오래된 와인도 있네요"라는 감탄이 나올 테고, "당신이 태어난 연도의 와인도 있어요"와 같은 말로 손님에게 감동을 줄 수도 있습니다. 그

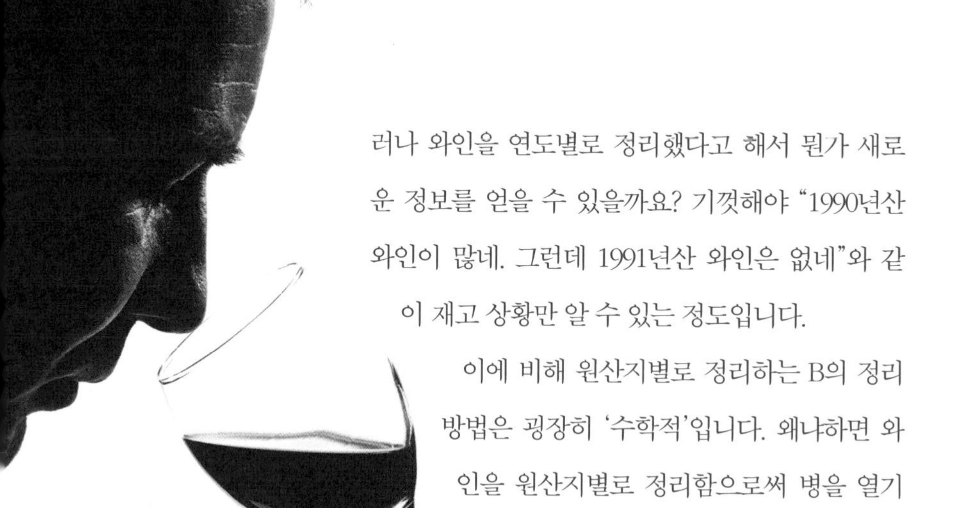

러나 와인을 연도별로 정리했다고 해서 뭔가 새로운 정보를 얻을 수 있을까요? 기껏해야 "1990년산 와인이 많네. 그런데 1991년산 와인은 없네"와 같이 재고 상황만 알 수 있는 정도입니다.

이에 비해 원산지별로 정리하는 B의 정리 방법은 굉장히 '수학적'입니다. 왜냐하면 와인을 원산지별로 정리함으로써 병을 열기 전부터 맛에 대한 정보를 더 많이 알 수 있기 때문입니다.

사적인 얘기지만 저는 일본 소믈리에 협회에 소속된 공인 와인 전문가입니다. 제가 와인 소믈리에 자격을 가지고 있는 것을 아는 친구들과 함께 식사하러 가면, 자연스럽게 와인 선택은 제 몫이 됩니다. 그럴 때 저는 예산과 주문한 요리를 확인하여 리스트에서 와인을 고릅니다. 자격을 가지고 있다고 해도 저 역시 아직 경험이 많지 않기 때문에, 리스트에 있는 와인 중 마셔본 것은 극히 일부에 불과합니다. 그래서 대충 적당히(라고 말하

와인을 분류하는 가장 효율적인 기준을 찾는 데에도 수학적인 정리를 적용할 수 있다.

면 어폐가 있지만) 고릅니다. 하지만 이런 식으로 와인을 선택해도 식사가 끝날 때쯤이면 항상 "역시 나가노랑 오면 와인이 맛있단 말이야!"라는 말을 듣습니다.

왜 그럴까요? 그것은 제가 주요 원산지에서 만들어진 포도 품종과 그곳의 기후 조건을 어느 정도 알기 때문입니다. 그것만으로 "모두 장어구이를 시켰군. 그럼 가벼운 느낌의 레드 와인이 좋겠지. 부르고뉴(Bourgogne) 같은 게 좋을 것 같은데, 가격이 좀 나가네. 아, 그래도 루아르(Loire) 지방의 '피노 누아'(Pinot Noir)라면 괜찮겠는걸. 이 정도로 하지."와 같은 식으로 선택하는 것이죠. 참고로 피노 누아란 프랑스 부르고뉴 지방이 원산지인 정통 최고급 레드 와인을 만드는 유명한 포도 품종입니다. 와인 학교에 다니기 시작할 당시는 이 포도를 몰라서 선생님이 화이트보드에 쓴 글씨를 '피노소와르'라고 읽어서 얼마나 창피했던지……. 이야기가 또 삼천포로 빠졌네요.

물론 엄밀히 따지면 원산지와 품종, 기후 조건만으로 와인의 맛이 결정되지는 않습니다. 양조 방법이나 술통의 종류, 운송 방법 등도 와인 맛에 영향을 줍니다. 더 나아가 같은 연도에 만든 같은 브랜드의 와인이라도 병이 다르면 미묘하게 맛도 달라지는 것이 보통입니다. 하지만 웬만큼 맛에 집착하지 않는 한, 저와 같은 방법으로 와인을 선택해도 큰 문제는 없을 것입니다.

제가 와인을 잘 고른다고 자랑하기 위해 이런 이야기를 꺼낸 게 아닙니다. 여기서 강조하고 싶은 점은 와인 리스트에 있는 마셔본 적도 없는 와인을 원산지에 주목해서 분류함으로써 대략적인 맛을 어림짐작할 수 있었다는 것입니다. 즉, 원산지에 따른 분류로 숨겨진 성질을 끄집어내는 것에 성공한 것입니다.

이제 아시겠죠? 와인의 맛을 즐기기 위한 정보를 이끌어내기 위해서는 연도 순서로 정리한 A보다는 원산지별로 정리한 B가 더 훌륭한 정리입니다. 그리고 원하는 정보를 입수했다는 점에서 B는 A보다도 '수학적'인 정리인 셈이죠.

:: 겹치지 않고 빠지는 것도 없이 분류하라!

그럼 C의 '포도 품종별 분류'는 어떨까요? 분명, 포도 품종은 맛에 영향을 미치는 직접적인 요인이며, 품종을 알면 맛에 대해서 어느 정도 예상할 수 있습니다. 그러나 수학적인 분류로 생각하면 포도 품종별 분류는 별로 권하고 싶지 않습니다. 왜냐하면 '수학적인 분류'에서는 정보가 늘어난다는 것 이외에도 신경 써야 하는 것이 있기 때문입니다.

분류로 맛에 대한 정보를 이끌어낸다는 의미에서는 포도 품종에 주목하는 분류도 나쁘지는 않습니다. 그러나 보르도(Bordeaux) 와인 등 많은 와인은 타품종과 블렌딩(Blending) 해 만들어졌습니다. 하나의 와인에 복수의 품종이 들어가 있어서 품종을 기준으로 분류하면 똑같은 와인이 복수의 카테고리로 분류됩니다. 더욱이 수많은 와인 중에서 때로는 굉장히 보기 드문 품종으로 만들어진 것도 있습니다. 결국 포도 품종에 따른 분류에서는 복수의 항목에 분류되는 것과 어디에도 분류할 수 없는 것(굳이 말하자면 '기타'로 분류되는 것)이 나오기 마련입니다.

최근 비즈니스 관련 도서 등에서 "MECE 기준으로 분류하다"라는 문구를 자주 보게 됩니다. MECE란 'Mutually Exclusive and Collectively Exhaustive'의 약어로, 직역하면 '상호 배타적이며 집합적으로 남김없이'라는 의미입니다. 결국 MECE 분류란 겹치지 않으면서 전체를 모았을 때 누락이 없는 분류를 말합니다.

와인을 품종별로 분류했을 때는 MECE에 어긋납니다. 하나의 와인이 두세 가지 항목에 중복해서 분류될 수 있고, 분류하지 못해 빠지는 와인이 생

[포도 품종에 따른 와인 분류의 예]

와인명 / 블렌딩 비율	두르트 배럴 셀렉트 생테밀리옹	비앤지 골드라벨 보르도 레드 2009	프리미우스 보르도 루즈 2008
카베르네 소비뇽	70%	40%	35%
메를로	30%	60%	60%
카베르네 프랑	–	–	5%

포도 품종	카베르네 소비뇽	메를로	카베르네 프랑
해당 와인			

부르고뉴가 원산지인 세 와인(두르트 배럴 셀렉트 생테빌리옹, 비앤지 골드라벨 보르도 레드 2009, 프리미우스 보르도 루즈 2008)은 두세 가지 품종의 포도를 블렌딩 해 만든 와인이다. 이 와인들을 품종을 기준으로 분류하면 하나의 와인이 복수의 카테고리에 속하게 된다.

길 수 있기 때문입니다. 겹치지 않으면서 빠지는 것이 없어야 한다는 전제는 수학적 관점에서 사물을 케이스 별로 구분하는 가장 기본적인 기준이 되기도 합니다.

여기서는 와인을 예로 들었지만, 일상생활의 다양한 상황에서 정리는 꼭 필요합니다. 평소 정리를 할 때 지금까지는 무의식적으로 깔끔하기만 하면 된다는 생각으로 해왔겠지만, 이제부터는 여러분도 '어떻게 하면 정보가 늘어날까?' 생각해 보기 바랍니다. 정리를 시작하기 전에 그렇게 생각하는 것은 아주 훌륭한 수학적 발상입니다.

Lesson
03

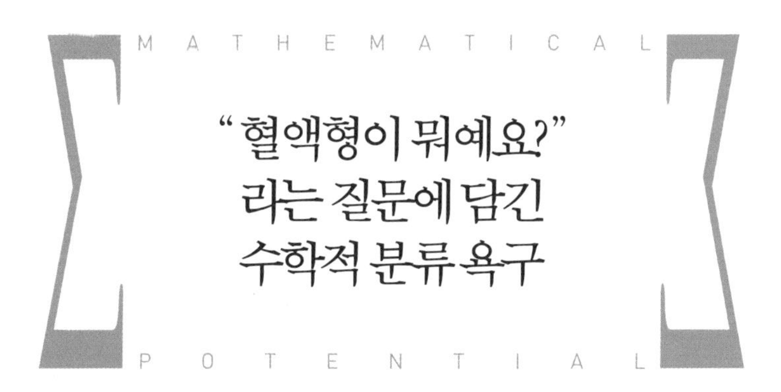

"혈액형이 뭐예요?" 라는 질문에 담긴 수학적 분류 욕구

:: 혈액형 점은 왜 인기 있을까?

ABO형 혈액형은 오스트리아의 병리학자 카를 란슈타이너(Karl Landsteiner)가 발견했습니다. 사람을 ABO형 혈액형으로 분류하는 가장 큰 목적은 응급상황에서 수혈 가능성을 판별하기 위해서였습니다. 그러나 미팅처럼 처음 만나는 사람들이 모인 곳에서 적당한 화제가 없을 때면 흔히 혈액형이나 별자리에 관한 이야기가 나옵니다. 왜 그럴까요? 이런 화제가 별다른 문제 없이 분위기를 고조시킬 수 있어서라고 생각하겠지만, 사실 그런 이유 때문만은 아닙니다. 혈액형이나 별자리로 눈앞의 사람을 분류하는 것은

[혈액형에 따른 성격 분류]

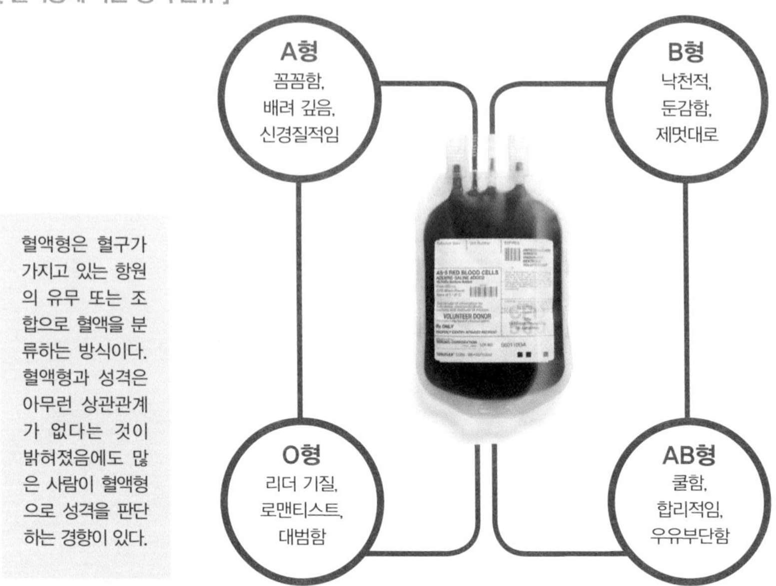

위와 같은 몇 개의 유형으로 상대방의 성격을 추측하고 싶어 하기 때문입니다.

혈액형에 의한 성격 진단은 과학적 근거가 없으며, 성격이란 환경에 의해 후천적으로 형성되는 것이라고 알려졌습니다. 하지만 여기서는 그런 것들은 생각하지 않기로 하겠습니다. 미팅 등의 자리에서 혈액형에 대한 이야기가 빈번하게 나오는 것은 처음 만난 사람의 숨겨진 성격을 분류를 통해 끄집어내고자 하는 심리가 작용하기 때문입니다. 그래서 혈액형에 의한 성격 진단은 숨겨진 성질을 끄집어내는 수학적 분류와 일면 맞닿아 있습니다.

:: 초등학생도 다 아는 수학적 분류 방법

숨겨진 성질을 끄집어내는 수학적 분류 방법을 수학 시간에 공부한 적 있던가요? 아무리 기억을 돌이켜봐도 그런 시간은 없었다고 생각하는 분이 분명히 계실 테지요. 하지만 초등학교 교과과정을 마친 분이라면 이미 수학적 분류 방법을 배웠습니다.

초등학교 4학년 수학 시간에 배운 '도형의 성질'을 기억해 봅시다. 우리는 이등변삼각형이나 평행사변형 등의 도형이 가지고 있는 성질과 조금씩 다른 모양의 도형을 분류하기 위한 조건을 배웠습니다. 물론 성인이 되면 눈앞의 도형이 평행사변형인지 어떤지를 판단해야 하는 경우는 거의 없습니다. 사회에 나와서 도형에 관한 지식이나 감각이 도움되는 경우는 퍼즐 맞출 때 빼고는 거의 없다고도 할 수 있죠. 그렇다면 왜 도형에 대해서 공부한 것일까요? 그것은 도형의 분류야말로 숨겨진 성질을 끄집어내기 위한 분류이기 때문입니다.

예를 들어 어떤 삼각형에서 두 개의 각도가 같으면 그 삼각형은 이등변삼각형으로 분류합니

[도형의 성질]

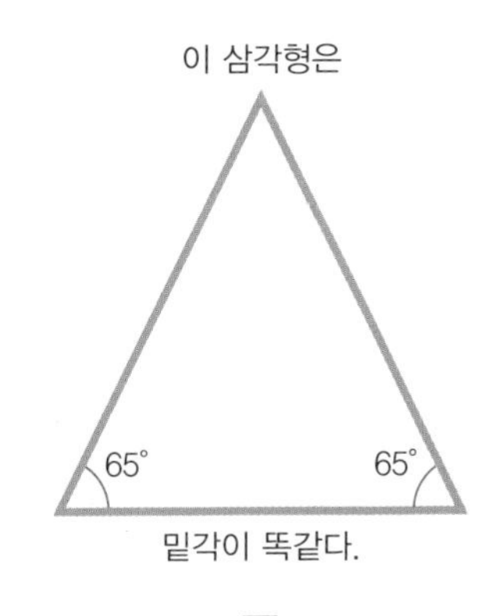

이등변삼각형으로
분류할 수 있다!

■ 이 삼각형은 두 변의 길이가 같다.
■ 꼭지각의 이등분선은
밑변의 양쪽을
똑같은 길이로 나누는
수직이등분선이다.

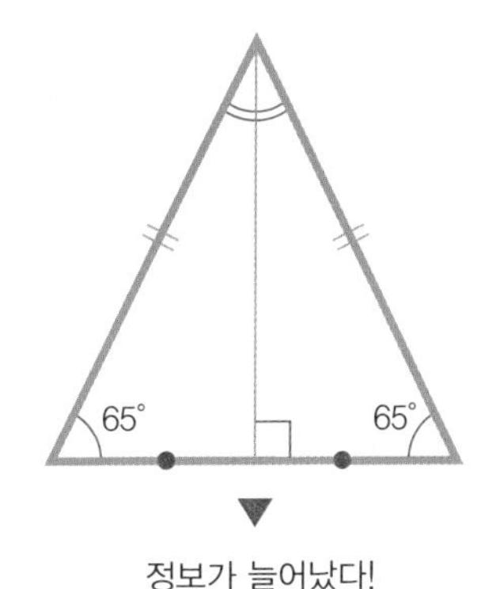

초등학교 4학년 때 배운 이등변삼각형, 평행사변형 등 도형의 성질은 우리가 처음으로 배운 수학적 분류 방법이다.

다. 여기서 두 변의 길이가 같다는 성질을 알 수 있습니다. 그뿐 아니라 꼭지각을 이등분하는 선이 밑변의 수직이등분선이 된다는 성질도 알아낼 수 있습니다.

이것은 포도 원산지로 와인을 분류하거나 잘 모르는 사람을 혈액형으로 분류하면 숨겨진 성질이 보이는 것과 똑같습니다. 포인트는 무엇을 기준으로 분류해야 그것이 숨겨진 성질을 끄집어내는 분류가 되는지를 생각하는 것입니다.

Lesson

03

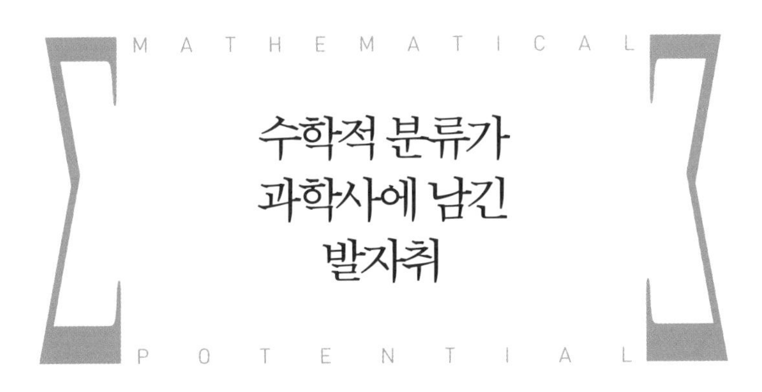

:: 혼돈을 종식한 멘델레예프의 주기율

화학 교과서의 속표지에 있는 '원소주기율표'를 기억하시나요? 원소주기율표는 수학적 분류가 과학사에서 크게 이바지한 예 중 하나입니다. 다음 페이지에 등장하는 도표가 바로 원소주기율표입니다.

원소주기율표를 이야기하는 것은 학창시절 수학(과학)을 싫어했던 여러분의 괴로운 기억을 다시 되살리는 일일지도 모르겠습니다. 하지만 여러분을 테스트하려고 하는 게 아니니 걱정하지 마시고 가볍게 봐 주세요.

'원소'라고 하는 것은 산소나 수소 같은 물질을 구성하는 기본적인 성분

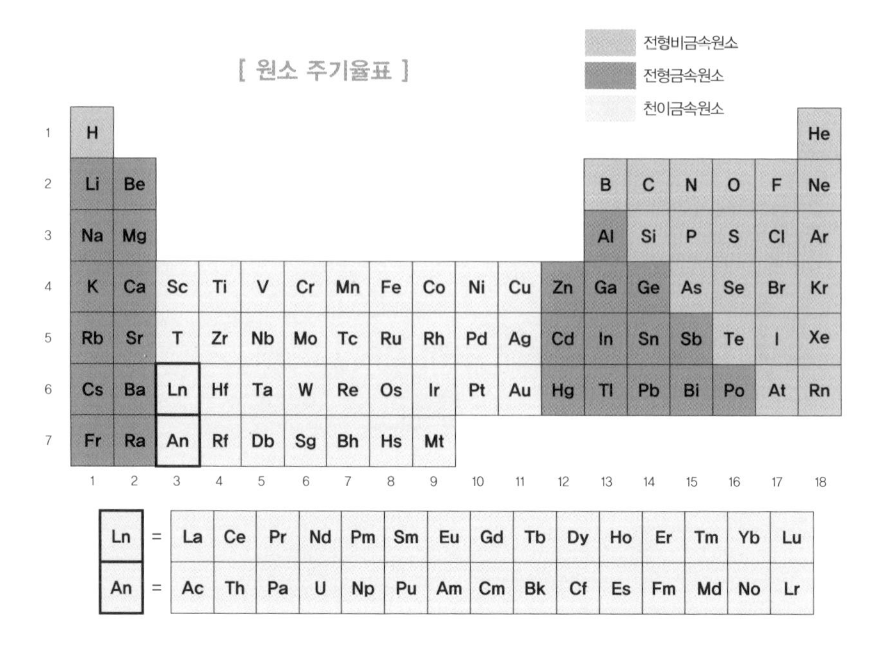

을 말합니다. 인간은 예전부터 만물의 근원을 이루는 궁극의 요소를 찾아왔습니다. 예를 들어, 고대 그리스에서는 '불, 흙, 물, 공기' 이 네 가지를 만물의 근원이라고 하여 '4대 원소'라고 불렀습니다. 중국에서는 '나무, 불, 흙, 금, 물' 이렇게 다섯 가지를 기본 물질인 '원소'라고 생각하였습니다. 다섯 가지 기본 물질을 바탕으로 '음양오행 사상'이 구축되었습니다. 중세에는 유럽을 중심으로 연금술이 성행하였습니다. 연금술 덕분에 실험 기술이 발전하기는 했지만, 금을 만드는 방법에만 집중하느라 원소 발견의 역사는 잠시 뒷전으로 밀리는 듯했습니다.

하지만 17세기가 되자 아일랜드의 로버트 보일(Robert Boyle)이 '원소란 더는 단순한 물질로 나눌 수 없는 입자'라는 정의를 부여하며, 18~19세기의 신원소 발견 붐을 이끌었습니다. 이 시기 과학계에서 미지의 원소를 발견하는 경쟁은 대단한 열기를 띠고 있었다고 합니다.

원소를 많이 발견해 내자 그것은 그것대로 혼돈을 초래했습니다. 원소가 전부 몇 개인지도 모를뿐더러 아직 발견되지 않은 원소의 존재 여부조차도 알 수 없었기 때문입니다. 그때, 한 명의 과학자가 원소 분류에 합류했습니다. 바로 러시아의 드미트리 멘델레예프(Dmitri Ivanovich Mendeleev)입니다. 1869년 멘델레예프는 그때까지 발견된 63개의 원소를 원자량(원소의 질량) 순서로 배열해 보았습니다.

그러자 일정한 간격으로 유사한 성질을 가진 원소(예를 들어 불소와 염소, 나트륨과 칼륨 등)가 나타나는 것을 깨달았습니다. 이것은 대단히 획기적인 발견이었습니다. 혼돈 상태였던 다수의 원소를 몇

ОПЫТЪ СИСТЕМЫ ЭЛЕМЕНТОВЪ.

ОСНОВАННОЙ НА ИХЪ АТОМНОМЪ ВѢСѢ И ХИМИЧЕСКОМЪ СХОДСТВѢ.

			Ti-50	Zr=90	?-180.
			V=51	Nb-94	Ta-182.
			Cr-52	Mo=96	W-186.
			Mn-55	Rh-104,4	Pt=197,4.
			Fe=56	Rn-104,4	Ir=198.
			Ni-Co=59	Pl-106,6	O-=199.
H=1			Cu-63,4	Ag-108	Hg-200.
	Be=9,4	Mg-24	Zn-65,2	Cd-112	
	B=11	Al=27,4	?-68	Ur=116	Au-197?
	C=12	Si-28	?=70	Sn=118	
	N=14	P-31	As-75	Sb=122	Bi=210?
	O=16	S-32	Se-79,4	Te=128?	
	F=19	Cl=35,5	Br=80	I-127	
Li=7	Na=23	K=39	Rb=85,4	Cs=133	Tl-204.
		Ca-40	Sr-87,6	Ba-137	Pb=207.
		?-45	Ce-92		
		?Er-56	La-94		
		?Yt-60	Di-95		
		?In-75,6	Th-118?		

Д. Менделѣевъ

멘델레예프가 최초로 작성한 원소주기율표(위). 원소를 원자번호 순으로 나열하면 그 성질이 주기적으로 변화한다는 법칙(주기율)을 발견한 러시아의 화학자 멘델레예프(아래).

개의 그룹으로 분류할 수 있었고, 이렇게 정리함으로써 부합하는 원소가 없는 부분, 즉 미확인 원소(멘델레예프가 최초로 작성한 원소주기율표에서 물음표로 표시된 것)도 추가되었습니다. 멘델레예프는 여기서 끝내지 않고 원소를 원자량 순서로 정리함으로써 원소의 주기성을 발견했습니다. 하지만 그도 원소들이 주기성을 띠는 이유는 밝혀내지 못했습니다.

:: 원소 주기성의 비밀을 푼 비운의 젊은 과학자

이 수수께끼를 푼 것은 1887년에 태어난 헨리 모즐리(Henry Gwyn Jeffreys Moseley)라는 영국의 젊은 과학자입니다. 그는 각 원소에 고유한 파장이 있는 X선(특성 X선)과 원자번호(원자량 순서로 붙인 번호)의 관계를 조사하면서, 원자번호란 결국 원자핵의 플러스 전하 수(양자의 수)라는 결론에 도달했습니다. 모즐리는 이러한 발견을 통해 원소의 주기성을 설명할 수 있게 되었습니다. 그뿐만 아니라 미발견 원소도 완벽하게 예언했습니다. 우리가 사용하고 있는 현대의 주기율표는 모즐리가 측정한 원자번호 순으로 배열한 것입니다.

여담이지만 이 젊은 천재는 불행하게도 제1차 세계대전 중에 스물일곱 살의 나이로 전사했습니다. 모즐리의 연구는 당연히 노벨상을 받아 마땅했습니다. 하지만 자연 과학 관련 노벨상에는 '살아있는 사람만을 대상으로 한다'는 규정이 있었으므로, 확실하다고 알려졌던 수상을 전사로 인해 놓쳐버렸습니다. 안타깝게도 그의 이름은 역사의 파도 속에 묻혀 버렸습니다. 후에 희토류 연구로 잘 알려진 프랑스의 화학자 위르뱅(Georges Urbain)

이 "모즐리의 법칙은 극히 보기 드문 중요한 발견이었다. 멘델레예프의 약간 공상적인 원소 분류를 과학적으로 정확하게 설명해주었기 때문이다"라고 말하며 모즐리를 재조명했습니다(독립행정법인 과학기술진흥기구 사이언스 채널 〈위인들의 꿈(73)-모즐리편〉에서 발췌).

원소 주기성의 비밀을 풀고도 살아 있는 사람만 노벨상을 받을 수 있다는 규정에 발목이 묶여 노벨상을 놓친 비운의 과학자 모즐리.

어찌 됐든 원소를 질량 순서로 배열하는 정리로 인해 원소의 주기성이 발견되어 미지의 원소가 발견되었습니다. 두 화학자의 정리는 나아가 원자번호와 원자핵과 전하의 관계를 발견하는 연결 고리 역할을 했습니다. 정리와 분류로 숨겨진 성질을 끄집어냈다는 점에서 원소주기율표는 수학적인 정리가 커다란 성과를 거둔 좋은 예라고 할 수 있습니다.

Lesson

03

새로운 세계를 여는 곱셈

:: 덧셈과 곱셈의 정보량 차이

지금까지 종류도 많고 모양이나 양식 등이 여러 가지인 것들을 정리하는 '분류'에 대해서 알아봤습니다. 그런데 수학이 가르쳐주는 정리는 분류뿐만이 아닙니다. 제각각인 것을 가지런히 한다는 의미에서의 '정리'에 대해서도 수학은 많은 것을 알려줍니다.

덧셈과 곱셈 중 정보량이 많은 연산은 어떤 것일까요? 여기서도 역시 손에 넣고자 하는 정보가 늘어나도록 정리해 나가는 것을 생각하면 됩니다. 덧셈과 곱셈의 정보량 차이란 무엇일까요?

A와 B는 정수라고 가정하고, 다음의 두 가지 식을 비교해 봅시다.

$$A + B = 7 \cdots\cdots ①$$

$$A \times B = 7 \cdots\cdots ②$$

우선, 위의 식에서는 무엇을 알 수 있을까요? ①의 식은 A와 B를 더해서 7이 되는 조합이므로, 예를 들어 1과 6, 2와 5, 3과 4, 10과 −3 등과 같이 무수히 많은 답이 있습니다.

이에 비해 ②의 식은 어떨까요? 이것은 곱해서 7이 되는 조합이므로 A와 B는 1과 7, -1과 −7, 7과 1, -7과 −1 이렇게 네 가지밖에 없습니다.

그렇다면 해답이 많은 만큼 덧셈이 곱셈보다도 정보를 많이 가지고 있는 것일까요? 아닙니다. 제가 말하는 '정보'란 그것을 얻음으로써 유익해지는 것을 말합니다. 있으면 있을수록 혼란스러워지는 정보는 필요 없으므로 오히려 지워나가야 합니다(앞에서 나온 94쪽 와인 분류의 예에서도 우리에게 유익한 정보는 '맛'에 대한 정보였습니다). 여기서는 A와 B의 값을 구하고자(결정하고자) 하므로, 답이 한정되면 될수록 우리에게 유익합니다. 즉, 덧셈보다도 곱셈이 더 많은 정보를 가지고 있다고 말할 수 있겠죠. 그래서 수학을 하는 사람들은 수식을 보면 덧셈을 곱셈으로 바꾸는 변형이 가능한지를 먼저 생각하는 버릇이 있습니다.

사실 중 · 고등학교에서 '정말 싫다'고 생각할 정도로 지겹게 했던 인수분해가 바로 덧셈에서 곱셈을 만드는 식 변형이었던 것이죠. 다음의 2차

방정식을 함께 살펴볼까요.(이 책에서 인수분해를 이야기하는 것은 이번 딱 한 번뿐입니다. 지금부터 설명하는 인수분해 방법이 낯설게 느껴진다고 해서 위축될 필요는 전혀 없습니다.)

$$x^2+5x+6=0$$

$$x^2+5x+6=(x+2)(x+3) \cdots\cdots \text{인수분해}$$

$x^2+5x+6=0$을 인수분해 하면 $(x+2)(x+3)=0$이 됩니다. 두 개의 수를 곱해서 0이 되는 것은 적어도 한쪽이 0이 되어야 하므로

$$(x+2)(x+3)=0$$

$$\Leftrightarrow x+2=0 \text{ 또는 } x+3=0$$

$$\Leftrightarrow x=-2 \text{ 또는 } x=-3$$

과 같이 답을 구할 수 있습니다.

학교 다닐 때 수없이 인수분해를 했던 것은 여러분을 힘들게 하기 위해서가 아니었습니다. 인수분해는 (유익한) 정보를 늘리기 위한 식의 변형이었던 것이죠.

:: 서로 다른 것들의 만남으로 확장되는 세계

어떠셨나요? 이제 덧셈(합)보다도 곱셈(곱)이 정보량이 많다는 것이 이해되셨죠? '4×3'이라는 곱셈식을 보면 여러분은 무엇이 떠오르시나요?

다음과 같이 4행 3열로 배치된 것을 셀 때의 계산으로 생각하는 사람이

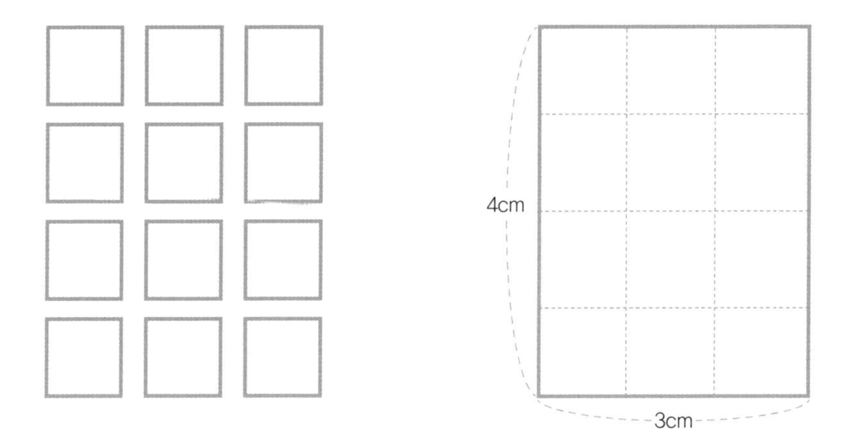

많을 것입니다. 혹은, 직사각형의 면적을 떠올리는 사람도 있겠지요(근본적으로 이는 $1cm^2$의 정사각형의 수를 센다는 점에서 위와 같습니다).

두 가지 모두 곱셈식으로 계산할 때는 행과 열, 가로와 세로, 혹은 속도와 시간 등 서로 다른 성격의 숫자를 사용한다는 이미지가 떠오를 것입니다. 이런 이미지를 떠올렸다면 제대로 사고한 것입니다. 서로 다른 성격의 숫자를 곱한다는 것은 수학에서 말하는 '차수'(次數 : 문자가 곱해진 횟수)나 '차원'(次元 : 공간 내에 있는 점 등의 위치를 나타내는 데 필요한 축의 개수) 등의 이해와 연결되기 때문이지요. 기본적으로 곱셈식은 다른 성질의 것을 이용한 계산입니다. 곱셈식의 결과 면적이나 움직인 거리 등 새로운 성질의 어떤 것이 생겨납니다.

반면에 덧셈은 개수와 개수, 길이와 길이 등 원칙적으로 성질이 같은 것을 사용하는 계산이므로 그 답 역시 같은 성질의 것입니다. 덧셈의 결과에서 새로운 세계가 보이는 것은 극히 드문 일입니다.

:: 차원이 늘어나면 세계가 넓어진다!

여기에 3cm와 4cm의 막대 두 개가 아무렇게나 놓여 있다고 가정해 봅시다. 이것을 단순히 '정리'하려 한다면 일직선으로 배치하는 정리 방법이 있겠지만, 그렇게 하면 7cm의 막대가 될 뿐입니다. 당연한 일이지요.

반면 하나를 가로로, 다른 하나를 세로로 놓는 '정리'를 하면 어떨까요? 이렇게 하면 면적이 $12cm^2$인 직사각형이 보이게 되고, 두 개의 '길이'에서 '면적'이라는 새로운 세계가 보이게 됩니다. 이것이 곱셈식 같은 정리의 좋은 점입니다.

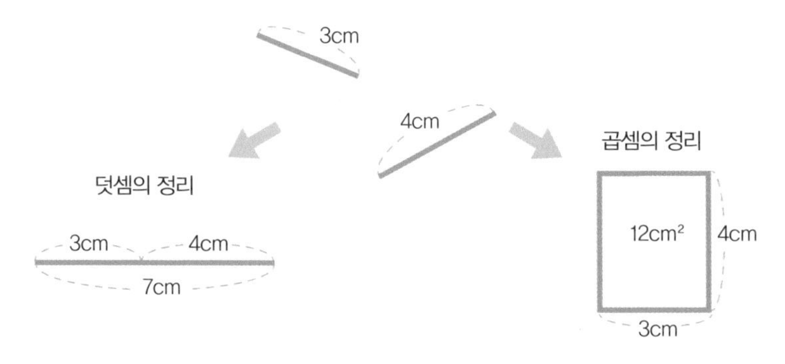

다른 방법을 예로 들어 이해를 돕겠습니다. 수직선을 생각해 봅시다. 수직선 상의 점은 3이나 10처럼 그 값을 하나로 정하면 위치가 하나로 정해집니다. 이번에는 x축을 가로축으로, y축을 세로축으로 한 좌표를 생각해 보세요. 좌표축 위의 점은 x와 y, 두 개의 값을 정해야 합니다. 즉 수직선 상의 점은 하나의 자유를, 좌표축 상의 점은 두 개의 자유를 가지는 것이죠. 이러한 자유도를 수학에서는 차원이라고 말합니다. 차원이 늘어나면 세계는 비약적으로 넓어집니다.

점프하지 못하는 개미는 2차원 세계에 살고 있지만, 개구리는 높이 점프할 수 있으므로 3차원 세계에 살고 있습니다. 개미와 개구리가 정면으로 마주했을 때, 다음 순간 개구리가 개미의 등 위로 뛰어오르면 개미는 아마도 '개구리가 순간이동 했다'고 놀랄 것입니다. 차원이 늘어난다는 것은 상상을 초월할 정도의 새로운 세계가 펼쳐진다는 것을 의미합니다.

만약 여러분에게 주어진 정보가 부족한 것 같다면 그 적은 정보를 곱셈식과 같이 정리함으로써 차원(자유도)을 늘릴 수 있는지를 생각해 보기 바랍니다. 분명 새로운 세계가 보일 것입니다.

땅이나 나뭇잎 등에 발을 딛고 있을 때의 개미와 개구리는 2차원이라는 같은 차원을 살아간다. 하지만 개구리가 점프하는 순간, 그의 눈앞에는 개미가 평생 경험할 수 없는 새로운 차원이 열린다.

:: 곱셈식 정리의 다른 말은 '융합'

곱셈식은 정보를 비약적으로 늘리는 연산이라고 설명했습니다. 이를 프레임워크 사고법(복잡한 문제를 해결하기 위해 사용하는 사고 체계)으로 자주 소개되는 매트릭스에 적용하면 더 쉽게 와 닿을 것입니다. 여기서는 프레임워크 사고법 중 유명한 'Will-Skill 매트릭스'를 소개하겠습니다.

[Will-Skill 매트릭스]

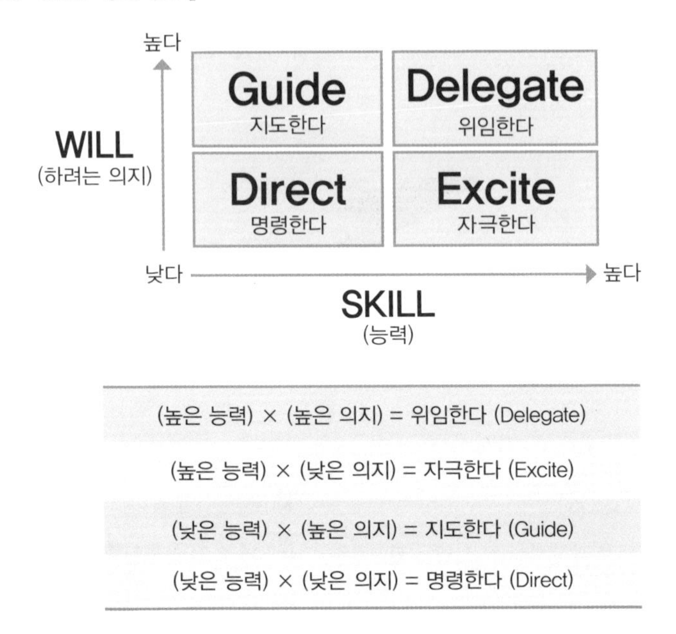

(높은 능력) × (높은 의지) = 위임한다 (Delegate)
(높은 능력) × (낮은 의지) = 자극한다 (Excite)
(낮은 능력) × (높은 의지) = 지도한다 (Guide)
(낮은 능력) × (낮은 의지) = 명령한다 (Direct)

Will-Skill 매트릭스란 직장 동료나 부하 등 조직의 일원과 효율적으로 소통하기 위해 사람을 의지(will)와 능력(skill), 이 두 가지의 지표로 분류하는 방법입니다. 두 지표를 기준으로 분류하면 총 네 개(2×2)의 구분이 생겨납니다. 이 구분을 이용하면 상대에게 어떻게 접근하면 좋을지가 보입니다.

높은 능력과 높은 의지를 갖추고 있는 사람에게는 일을 맡겨도 괜찮으니까 '위임'합니다. 높은 능력을 갖추고 있으면서도 하려고 하는 의지가 없는 사람에게는 동기부여를 위해 칭찬하고 때로는 혼내기도 하면서 '자극'합니다. 능력은 낮아도 하려는 의지가 있는 사람은 앞으로 성장 가능성이 높으므로 육성한다는 의미에서 '지도'합니다. 능력도 없고 의지도 없는 사서로 다른 분야의 결합은 차원을 넓힌다. 영화는 융합의 좋은 예다. 영화는 첨단 과학기술을 도입함으로써 표현영역을 확대하고 있다.
사진은 모션캡처(몸에 센서를 부착시키거나, 적외선을 이용하는 등의 방법으로 인체의 움직임을 디지털 형태로 기록하는 작업) 기술을 활용함으로써 유인원 캐릭터에 표정과 섬세한 감정선을 담아낸 영화 〈혹성탈출〉의 제작 장면.

람의 경우에는 어쩔 수 없이 '명령'할 수밖에 없겠지요.

어떠셨나요? 하려는 의지와 능력이라는, 성격이 다른 두 가지의 고저를 조합해 보면 꽤 확실한 커뮤니케이션 지표를 얻을 수 있습니다.

아이디어가 잘 떠오르지 않을 때는 과감하게 서로 다른 콘셉트끼리의 곱셈식을 생각해 보는 것도 굉장히 수학적인 발상입니다. 최근 사회 전반에 걸쳐 '융합'이라는 단어가 화두입니다. 학문 간의 경계를 허물고 한 가지 주제를 다각적인 관점에서 고민하자는 것이지요. 예술과 마케팅, 자동차와 IT 등 서로 다른 분야가 만나 시너지를 일으키고 있습니다. '융합'은 결국 곱셈식 정리의 다른 말입니다.

Lesson

03

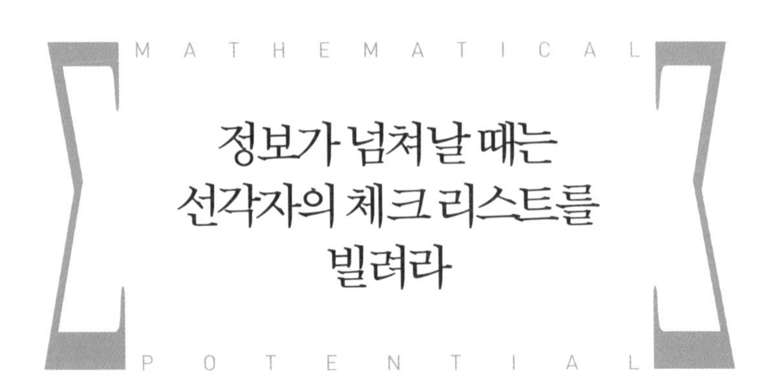

정보가 넘쳐날 때는 선각자의 체크 리스트를 빌려라

:: 지름길을 알려주는 체크 리스트 찾기

지금까지 숨겨진 정보(성질)를 끄집어내기 위한 분류와 곱셈식 정리에 대해 살펴보았습니다. 이들은 한마디로 말해서 필요한 정보가 부족할 때의 대처법이라고 할 수 있습니다. 그러나 실생활에서 우리는 너무나 많은 정보에 휩싸여 있는 경우가 더 많을지도 모릅니다. 그럴 때는 필요한 최소한의 정보만을 체크해서 다음 행동을 결정하는 것이 좋겠지요.

이 세상에는 각 분야의 전문가가 존재합니다. 그들과 선조들에 의해 이미 많은 '정리'가 행해져 왔습니다. 덕분에 우리는 맨땅에 헤딩하는 고생

없이 효율적인 체크 리스트를 갖게 되었습니다. 중학교에서 배운 삼각형의 합동조건도 바로 그러한 효율적인 체크 리스트의 일례입니다.

삼각형은 세 개의 각과 세 변을 가지므로 총 여섯 개의 정보를 가지고 있습니다. '두 개의 삼각형이 합동'이라는 것은 이들 여섯 개의 정보가 모두 일치한다는 말입니다. 정보를 효율적으로 선택하면 여섯 개 중 세 개만 검사해도 두 개의 삼각형이 합동이라는 것을 알 수 있습니다. 그것이 삼각형의 합동조건입니다. 참고로 삼각형의 합동조건이란 다음과 같습니다.

[삼각형의 합동조건]

① 대응하는 세 변의 길이가 모두 같다.

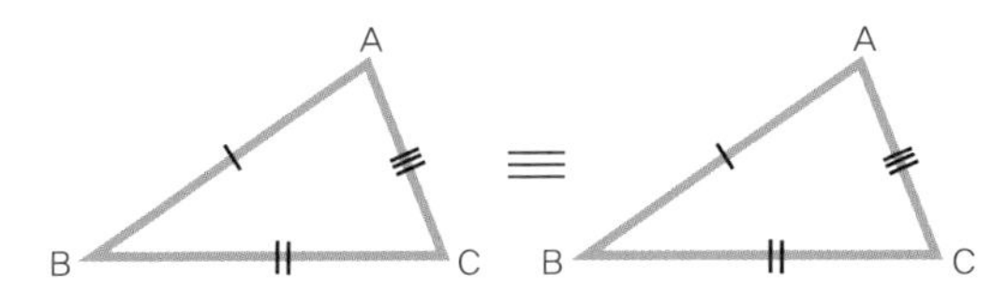

② 대응하는 두 변의 길이와 그 사이에 끼인 각의 크기가 같다.

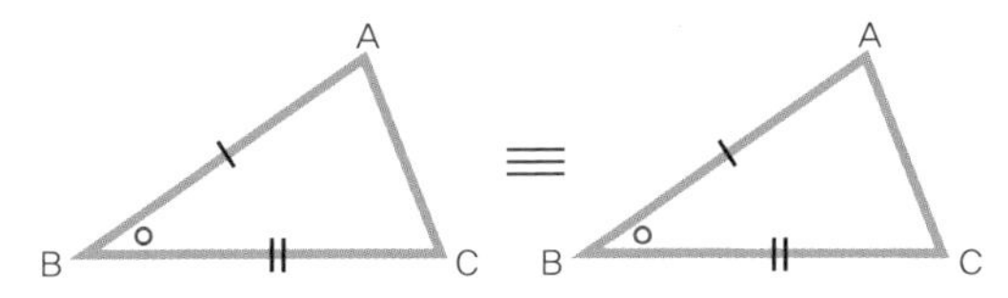

③ 대응하는 두 각의 크기와 그 끼인 변의 길이가 같다

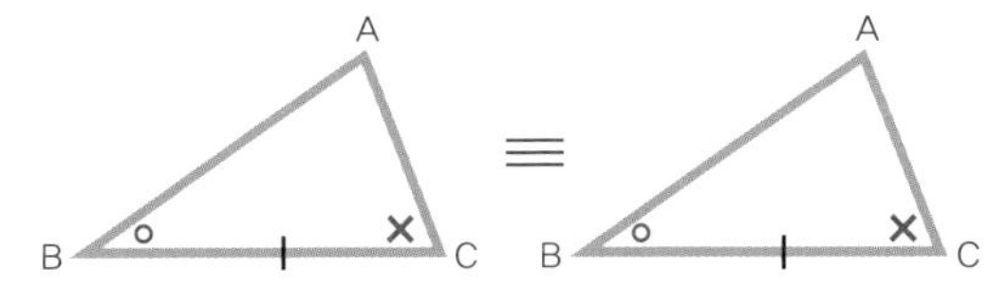

삼각형이 가지는 여섯 개의 정보 중 세 개를 선택하는 방법은 앞에서 설명한 조건 말고도 더 있습니다.

④ 대응하는 세 개의 각이 같다.

⑤ 대응하는 두 변의 길이와 그 끼인각을 제외한 각이 같다.

⑥ 대응하는 두 각과 그 끼인 변이 아닌 변의 길이가 같다.

하지만 ④~⑥과 같은 선택 방법은, 이 정보만으로는 삼각형이 합동인지 여부를 판단할 수 없습니다. 따라서 ①~③은 효율적인 체크 리스트이지만, ④~⑥은 비효율적인 체크 리스트인 것이죠.

:: 업무를 돕는 체크 리스트

업무에 활용할 수 있는 효율적인 체크 리스트도 있습니다. '개선의 4원칙'이라고도 불리는 'ECRS의 원칙'입니다. 생산관리 등의 업무를 수행하는 부서에 있는 분이라면 익숙할 수도 있겠네요. ECRS의 원칙은 각각 'Eliminate'(배제), 'Combine'(통합), 'Rearrange'(교환), 'Simplify'(간소화)의 앞글자를 딴 것으로, 업무 개선을 생각할 때 이 네 가지를 점검하면 효과적으로 높은 성과를 낼 수 있다고 알려졌습니다.

[ECRS의 원칙]

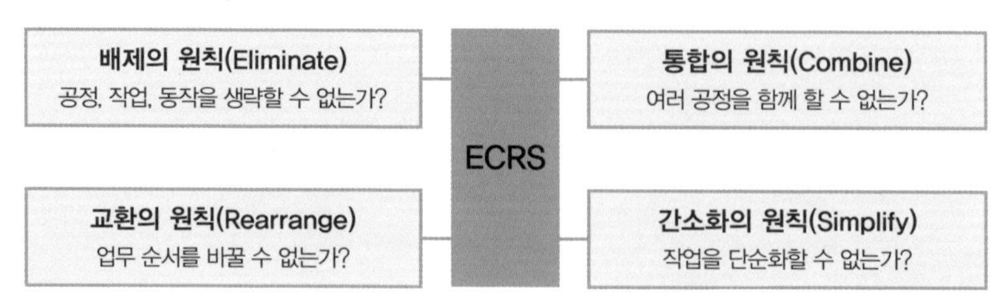

너무 많은 정보에 휩싸여 있는 경우, 필요한 최소한의 정보만을 체크해서 다음 행동을 결정하는 것이 효율적이다. 이때는 그 분야의 전문가나 선조들이 만들어 놓은 효율적인 체크 리스트가 도움된다.

삼각형의 합동조건, ECRS의 원칙 등은 많은 정보에 휩싸여 모두 다 점검하는 것이 어려울 때, 효율적인 체크 리스트를 갖는 것이 굉장히 유효하다는 사실을 알려줍니다. 이사할 때 어떤 짐부터 싸야 할지 우왕좌왕하고 있을 때 이삿짐 센터 직원들이 주는 '이것만큼은 체크해 주세요'라는 리스트는 큰 도움이 됩니다. 최근 큰 주목을 받고 있는 통계도 빅데이터의 평균값, 중앙값, 표준편차, 상관관계, P값 등을 검사함으로써 데이터 전체의 경향을 파악할 수 있는 잘 정돈된 정리 체계라 할 수 있습니다.

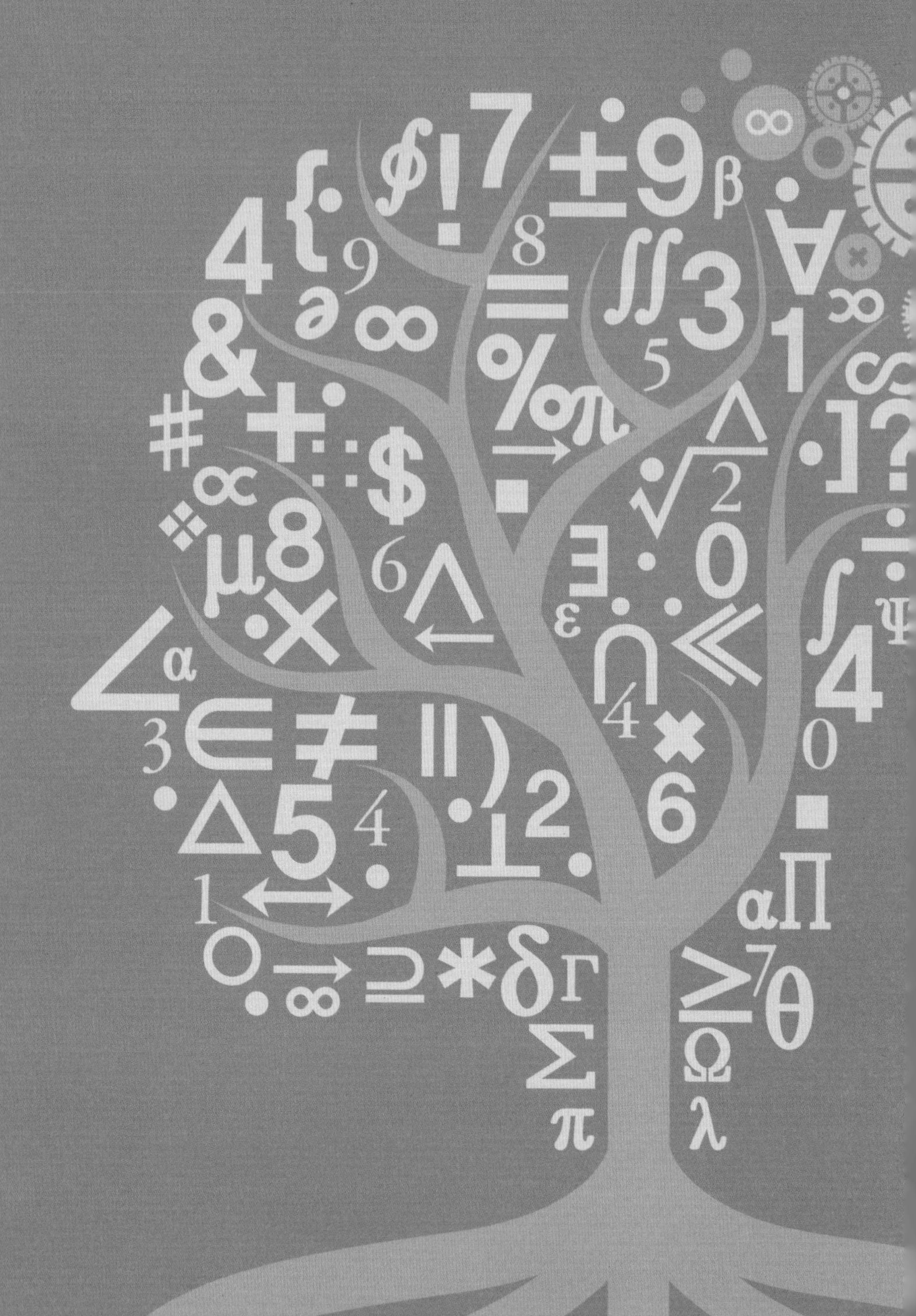

Lesson

04

M A T H E M A T I C A L

수학적 발상법 2

순서를 지킨다

P O T E N T I A L

Lesson

04

M A T H E M A T I C A L

만족스러운 점심 메뉴를 선택하는 데 필요한 수학

P O T E N T I A L

:: 새치기하지 않는 아이는 논리적이다?

사적인 얘기지만 저에게는 다섯 살 난 첫째 딸과 두 살 된 둘째 딸이 있습니다. 둘째 딸은 이제 겨우 대화가 통하는 정도입니다. 자매가 놀고 있을 때 항상 이야기하는 것이 '순서대로 하라'입니다. 언니가 먼저 장난감을 가지고 놀고 있으면 언니가 어느 정도 끝낼 때까지 기다리고, 공원이나 놀이터에서 미끄럼틀이나 그네를 타려고 할 때 다른 친구들이 줄을 서 있으면 줄의 끝에 서서 기다리라는 등 두 꼬마를 따라다니며 매일 잔소리를 합니다. 왜냐하면, 순서를 지키지 않았다가 나중에 친구들과 어울리지 못해 따돌림을 당하면 어쩌나 걱정되기 때문입니다.

초등학교에 들어가기 전의 어린아이라도 앞에서 줄을 섰던 사람이 먼저 장난감을 가지고 놀거나, 미끄럼틀을 타는 것에는 불만을 가지지 않습니다. 순서가 올바르게 지켜지고 있다는 것을 어린 나이에도 이해할 수 있기 때문이겠죠.

저는 앞서 우리가 수학을 배우는 이유는 논리력을 기르기 위해서라고 했습니다. 논리적이라는 것은 다른 사람이 하는 말을 이해할 수 있고, 자기 생각을 다른 사람에게 설득할 수 있는 것입니다. 논리적으로 사고하고 생활하기 위해서, 다시 말해 이해와 설득을 위해서 순서를 지키는 것은 기본 중의 기본입니다.

아이들은 친구와 놀면서 자연스럽게 순서를 지켜야 한다는 것을 배운다. 순서를 지키는 것은 공정하고 효율적인 규칙을 넘어, 타인을 이해하고 설득하는 데 필요한 가장 기본적인 전제 조건이다.

:: 선택할 때는 큰 것에서 작은 것 순이라야 실패하지 않는다

그렇다면 논리적으로 살기 위해서 지켜야 하는 '순서'란 어떤 순서를 말하는 것일까요? 사실 순서는 무언가를 고르려고 할 때와 어떤 것이 올바르다는 것을 제시하려고 할 때, 이 두 가지 경우에 차이가 있습니다. 그럼 먼저 무언가를 선택하려고 할 때의 올바른 순서에 대해서 알아보겠습니다. 다음의 예를 생각해 봅시다.

회사원 A와 B가 점심을 먹으려고 합니다. 점심시간은 한 시간, 예산은 7,000원 이내입니다. 두 사람 모두 오늘은 고기가 들어간 음식을 먹고 싶어 합니다.

A는 '백화점 지하 식당가에 가면 맛있는 게 많이 있겠지'라고 생각하여 역 앞의 백화점으로 향합니다. 그런데 백화점 지하 식당가에는 고급 음식점이 많아서, 맛있어 보이는 햄버거 도시락을 발견해도 전부 예산 초과였죠. 30분 이상 찾아다녔지만, 예산 범위 안에 들어가는 고기 요리는 찾지 못했습니다. 결국 A는 "오늘은 운이 나쁘군"이라고 투덜거리며 고기 먹는 것을 포기하고 역 앞의 간이 국숫집에 가기로 합니다.

한편, B는 처음부터 회사 근처의 도시락 가게로 향했습니다. 편의점이나 도시락 가게가 아니면 예산 내에서 사기 힘들 것으로 생각했기 때문이죠. 거기서 6,800원짜리 '특선 스테이크'를 발견한 B는 "Lucky!"라고 기뻐하며 목표에 부합하는 점심 메뉴를 찾을 수 있었습니다. 물론 충분한 시간 여유도 있어서 사무실로 돌아와 만족할만한 점심을 먹을 수 있었습니다.

어떠셨나요? B가 점심에 만족할 수 있었던 것은 과연 운이 좋았기 때문일까요? 아닙니다. B가 목표를 달성할 수 있었던 것은 A보다 더 논리적이었기 때문입니다. 그럼 A는 무엇을 잘못한 것일까요? 여기서 두 사람의 점심 선택 방법을 그림으로 그려보겠습니다.

[A의 점심 선택 방법]

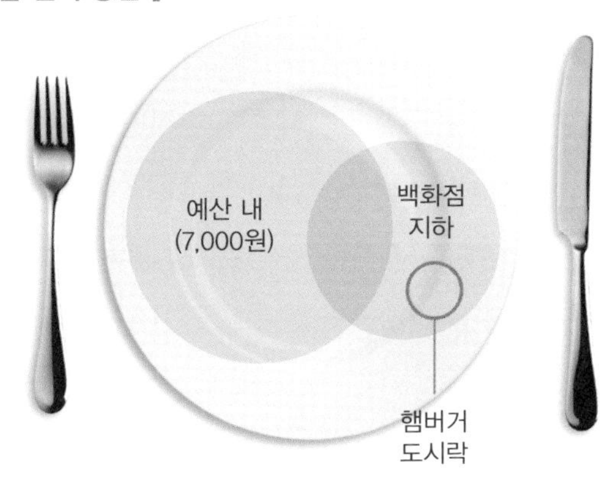

[B의 점심 선택 방법]

B는 처음부터 예산 안에 들어가는 가게를 먼저 정했습니다. 그래서 가게 안에 있는 어떤 메뉴를 선택해도 예산이 초과할 걱정은 없었지요. 그리고 마음에 드는 메뉴를 선택했다가 가격을 물어보고 실망하는 일도 없었습니다. 이런저런 걱정 없이 입맛에 맞는 도시락이 뭘까를 생각하기만 하면 되니까 효율적이지요.

반면에 A는 처음부터 '맛있는 고기를 먹고 싶다'는 기분에 휩쓸려 무작정 백화점으로 향했습니다. 하지만 백화점 지하 식당가에는 예산을 초과하는 음식이 많아서 하나하나 가격을 생각하면서 골라야 했지요. 맛있게 보여도 예산 때문에 살 수 없는 음식이 많이 있었습니다. 그중에서 오늘 입맛과 예산, 모두를 만족할 만한 것을 찾는 일은 수고스러울뿐더러 시간도 오래 걸립니다. 게다가 이 방법으로는 예산 안에서 도시락을 살 수 있다는 보장도 없습니다. 이러한 A의 방법은 '득템'할 가능성이 있기는 하지만 합리적인 구매 방법이라고는 할 수 없지요.

이처럼 선택에도 올바른 순서가 있습니다. '그땐 내가 왜 그랬을까?'와 같이 돌아서서 후회하는 일이 없도록, 선택을 위한 '순서'에 대해 알아보겠습니다.

Lesson

04

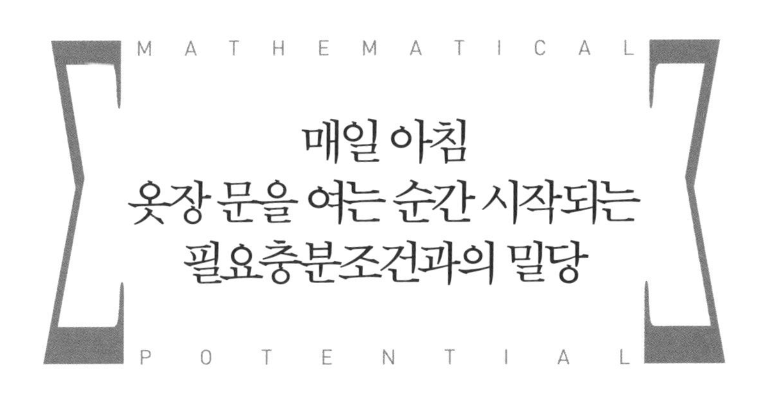

매일 아침 옷장 문을 여는 순간 시작되는 필요충분조건과의 밀당

:: 느슨한 필요조건과 엄격한 충분조건

순서에 대해 본격적으로 살펴보기에 앞서 필요조건과 충분조건에 대해서 한 번 복습해 봅시다. 많이 들어본 것 같아도 그 정의를 확실히 이해하는 사람은 뜻밖에 많지 않습니다. 필요조건과 충분조건의 사전적인 의미는 'p이면 q가 참일 때 p를 충분조건, q를 필요조건이라 한다'입니다. 이 설명만 듣고 이해하는 사람은 거의 없을 것입니다. 조금 더 알기 쉽게 설명하면 다음과 같습니다.

- 필요조건 : 어떤 사항이 성립하기 위해 (적어도) 필요한 조건

■ 충분조건 : 어떤 사항이 성립하기 위해 (너무 충분할 만큼) 충분한 조건

위의 설명을 봐도 그렇게 와 닿지는 않겠지요. 제가 필요조건과 충분조건을 설명할 때 자주 사용하는 예를 한 번 들어보겠습니다.

■ 제주도에 거주하는 것은 서귀포시에 거주하기 위한 필요조건

■ 서귀포시에 거주하는 것은 제주도에 거주하기 위한 충분조건

어떤 사람이 서귀포시에 거주하기 위해서는 적어도 제주도에 거주하는 것이 필요조건입니다. 반대로 제주도에 거주하기 위해서는 서귀포시에 산다는 것은 (너무 충분할 정도로) 충분한 조건입니다. 다음과 같이 생각하면 더 쉽게 이해할 수 있을 것입니다.

> 필요조건 = 느슨한 조건
>
> 충분조건 = 엄격한 조건

앞의 예를 그림으로 그려보면 다음과 같습니다.

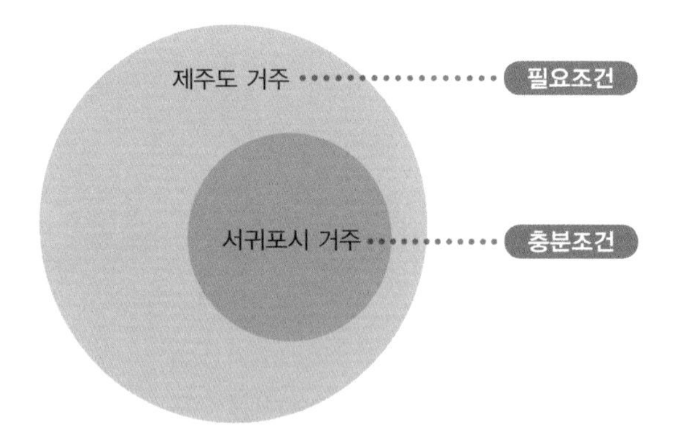

앞의 그림을 보면 알 수 있듯이 '필요조건 = 큰 범위', '충분조건 = 작은 범위'라고 생각할 수 있습니다.

정리하면 다음과 같습니다.

> 필요조건 = 느슨한 조건 = 큰 범위
>
> 충분조건 = 엄격한 조건 = 작은 범위

:: 필요조건에 따라 범위를 좁히고, 충분조건에 따라 선택!

논리적으로 무언가를 선택할 때 '필요조건에 의해 추출을 하고 그다음 충분조건임을 확인한다'는 순서를 지키는 것이 중요합니다. 왠지 어려운 설명인 것 같지만 사실 대다수 사람이 이 순서대로 '선택'이라는 작업을 하고 있습니다.

예를 들어 옷을 생각해 볼까요. 아침에 옷장을 열고 옷을 고를 때 계절에 맞는 것을 먼저 고르게 됩니다. 겨울이라면 따뜻한 복장, 여름이라면 시원한 복장을 선택하려고 하겠지요. 왜냐하면 오늘 입을 옷을 고를 때 '필요조건'(느슨한 조건 = 큰 범위)은 '계절에 맞는 옷'이기 때문입니다. 하지만 이것만으로는 아직 그날의 복장을 고르기 어렵습니다. 다음에는 계절에 맞는 옷 중에 TPO(Time : 시간, Place : 장소, Occasion : 상황)에 적합한 것을 골라 봅시다. 일하러 간다면 정장, 하이킹을 한다면 걷기 좋은 편한 복장 등과 같이 선택하는 것입니다. 패션 감각이 있는 사람은 '오늘 들고 갈 가방 스타일에 맞춰야지'라는 조건이 더 필요할 수도 있습니다. 어쨌든 이런 식으

매일 아침 옷장 문을 열고 '오늘은 어떤 옷을 입으면 좋을까?' 고민하는 것처럼 사소한 선택의 순간에도 우리는 무의식중에 합리적인 결과를 도출하기 위한 선택 순서(큰 범위→작은 범위)를 따르고 있다.

로 후보를 점점 좁혀나가다 보면 몇 벌의 옷만 남게 됩니다.

마지막 선택의 순간에는 몇 벌의 옷을 각각 살펴보며 오늘 기분에 맞는 옷인지를 확인하게 됩니다. 이 '오늘 기분에 맞는 옷'이 바로 '충분조건'(엄격한 조건 = 작은 범위)인 셈이죠. 필요조건에 의해서 후보는 추려졌지만, 마음에 드는 것이 하나도 없어서 결국 '옷을 사야겠군'이라는 결론을 냈던 경험도 있었을 것입니다. 물론 사람에 따라서 다르겠지만 '오늘 기분에 맞는 옷'은 가장 엄격한 조건이므로 이것을 충족하면 '옷이 충분히 있군'이라고 생각할 수도 있을 것입니다.

이처럼 '필요조건에 의한 추출 → 충분조건임을 확인'하는 선택의 순서는 여러분도 알게 모르게 일상생활에서 실천하고 있습니다. 하지만 앞서 예로 들었던, 점심을 제대로 정하지 못한 A처럼 욕망에 눈이 멀면(?) 결국 이 원칙을 깨버리는 경우도 생깁니다. 그렇게 되면 '도박성'이 커져서 합리적으로 선택하지 못하게 되니 주의하세요!

Lesson

04

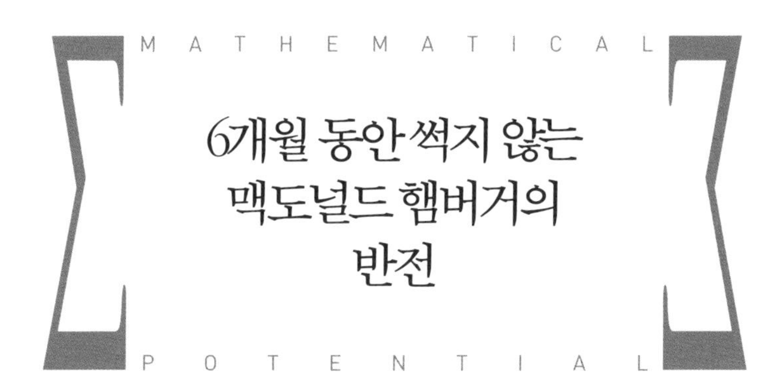

:: 옳고 그름을 분별하는 '증명'

앞에서는 논리적으로 무언가를 선택할 때의 올바른 순서에 대해서 알아보았습니다. 반면 어떤 사항이 올바르다는 것을 제시하고자 할 때(즉 증명할 때)는 순서가 바뀝니다. 자, 이번에는 증명의 기초에 대해서 한 번 복습해 볼까요?

증명은 가정에서 결론을 이끌어 내는 과정입니다.

가 정	⟹ (~이라면)	결 론

참고로 여기서 '⇒'는 논리기호 중 하나로 '~이라면'이라고 생각하기 바랍니다. '○○이라면'이라는 가정에서 출발해서 '□□이다'라는 결론을 내는 과정을 논리적인 비약 없이 알기 쉽게(하는 것도 저는 중요하다고 생각합니다) 표현하는 것이 바로 '증명'입니다.

증명의 대상이 되는 것은 객관적으로 올바른지 또는 잘못되었는지를 판단할 수 있는 사항에 한합니다. 그러한 사항을 '명제'라고 하지요. 예를 들어 '카레는 맛있다'는 올바른 것처럼 보이지만 사실 맛있는지 맛없는지는 주관적인 생각으로, 객관적으로는 판단할 수 없으므로 명제가 아닙니다. 반면 '대한민국의 인구는 1억 명 이상이다'는 분명 잘못된 내용입니다. 이것은 데이터에 의해 객관적으로 판단할 수 있는 내용이므로 명제입니다. 이처럼 증명이란 '○○이면 □□이다'라는 명제가 참인 것을 논리적으로 제시하는 것을 말합니다.

:: 썩지 않는다 = 방부제가 들어갔다?

제가 이 책을 집필하던 2013년 봄에 '6개월 동안 방치해도 곰팡이가 피지 않는 불멸의 해피밀'이라는 동영상이 화제가 되었습니다. 이 동영상은 세계적인 패스트푸드점 맥도날드의 햄버거 세트(해피밀 세트)를 껍질이 벗겨진 상태로 6개월 동안 방치하면서 날마다 찍은 사진을 슬라이드쇼로 편집한 것입니다. 이 영상을 본 누리꾼들은 180일 동안 햄버거에 곰팡이가 전혀 생기지 않은 것을 보고, '우와! 햄버거에 대체 얼마나 몸에 나쁜 게(방부제) 들어가 있는 거야'라고 생각했지요. 이 일을 계기로 패스트푸드에 대한

'썩지 않는 불멸의 햄버거'는 몸에 해로울까? 미라 햄버거의 비밀에 접근하다 보면 올바른 증명 순서가 보인다.

불신이 더욱 깊어지며, 세상이 떠들썩했습니다.

그도 그럴 것이 썩지 않는 음식을 보면 흔히 다음과 같이 생각하게 됩니다. 과연 정말 그런 것일까요?

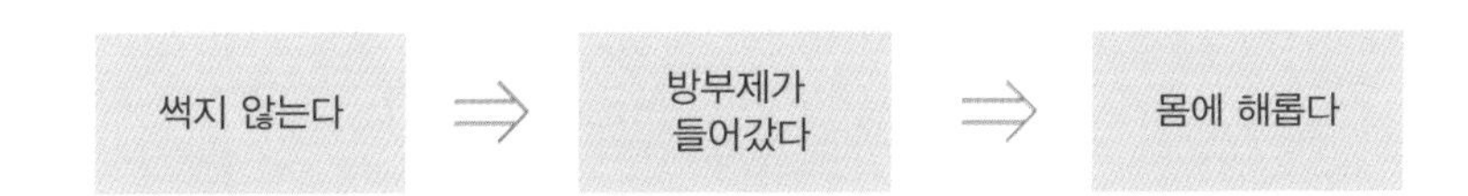

사태가 커지자 의문을 품은 한 블로거가 실험을 해보았습니다. 실험에서 의외의 결과가 나왔습니다. 맥도날드 햄버거뿐만 아니라 방부제를 일절 넣지 않은 수제 햄버거도 동일한 조건에서 부패 정도를 비교해봤더니, 두 햄버거 모두 6개월이 지나도 썩지 않았습니다. 햄버거를 불멸의 존재로 만든 장본인은 방부제가 아니었던 것이죠. 햄버거는 특유의 모양 때문에 썩지 않았다고 합니다. 평평한 모양의 햄버거는 표면적이 비교적 넓어서 습기가 잘 빠져나가기 때문에 곰팡이와 박테리아가 생기지 않았다고 합니다(조리할 때 불을 사용하므로 살균된 상태라는 것도 이유 중 하나겠지요). 이로써 썩지 않는 것 중에도 방부제가 들어가지 않은 것이 있다는 것을 알게 되었습니다.

이상의 내용을 그림으로 그려보면 다음과 같습니다. 먼저 블로거의 실험이 알려지기 전까지는 대부분의 사람이 아래와 같이 생각했겠지요.

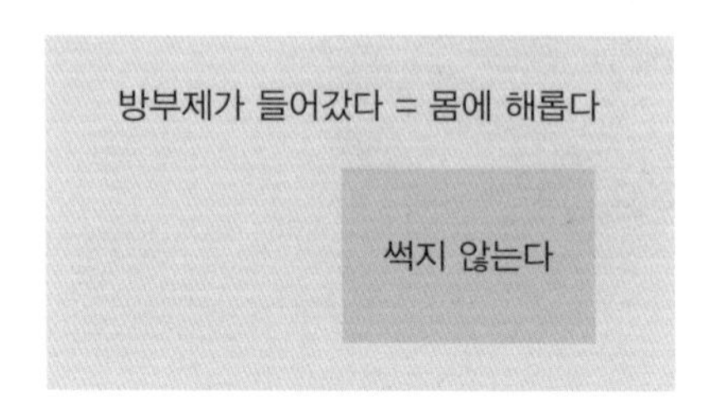

썩지 않는 것에는 모두 방부제가 들어가 있어서 몸에 해롭다고 생각한 것입니다. 하지만 블로거의 실험을 통해 썩지 않는 것 중에도 방부제가 들어가지 않은 것이 있다는 것을 알게 되었습니다. 부패, 방부제, 건강이라는 개념들은 실제로는 아래 그림과 같은 관계였던 것이죠.

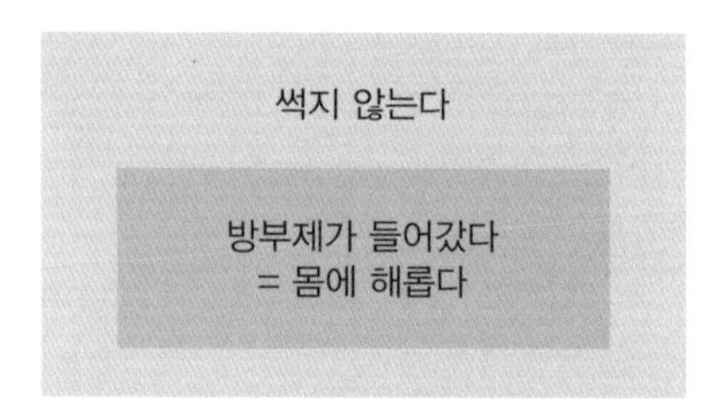

따라서 썩지 않는다고 해서 모두 '방부제가 들어갔다 = 몸에 해롭다'라고 결론 내릴 수는 없습니다(사실, '방부제가 들어갔다 = 몸에 해롭다'의 '='도 확실히 검증해야 하겠죠). 참고로 미국 맥도날드는 썩지 않은 햄버거로 여론이 악화하자 '맥도날드 햄버거는 방부제를 사용하지 않았다!'라는 성명을 발표했습니다.

:: 논리에서 '소 ⇒ 대'는 항상 참, '대 ⇒ 소'는 항상 거짓

그럼, 앞서 나왔던 필요조건과 충분조건으로 다시 돌아가 보겠습니다.

[필요조건과 충분조건의 예]

필요조건은 큰 범위, 충분조건은 작은 범위였죠. 여기서 어떤 사람이 서귀포시에 거주하면 당연히 제주도에 거주하게 되는 것이므로, '서귀포시 거주(충분조건 : 작은 범위) ⇒ (~이면) 제주도 거주(필요조건 : 큰 범위)'한다는 명제는 올바르다('참이다'라고 하겠습니다)는 것을 알 수 있습니다. 하지만 반대로 제주도에 거주한다고 해서 꼭 서귀포시에 거주한다고는 할 수 없으므로 '제주도 거주(필요조건 : 큰 범위) ⇒ (~이면) 서귀포시 거주(충분조건 : 작은 범위)' 명제는 올바르지 않습니다('거짓이다'라고 하겠습니다). 이처럼 논리에서 '소 ⇒ 대'는 항상 참이며, '대 ⇒ 소'는 항상 거짓입니다.

서귀포시에 살면 (작은 범위)	⇒	제주도에 산다 (큰 범위)	········	참

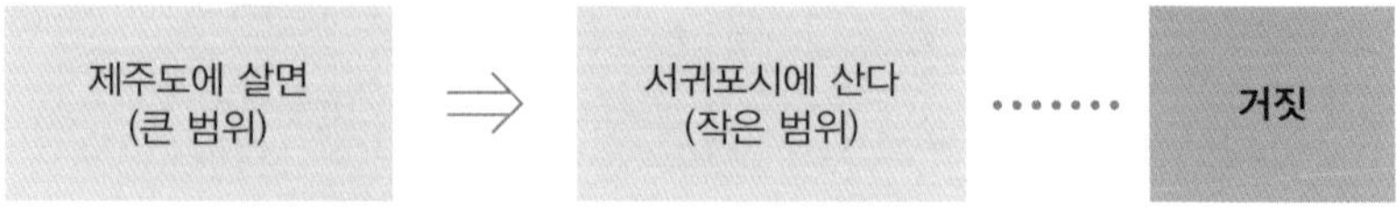

제주도에 살면 (큰 범위)	⇒	서귀포시에 산다 (작은 범위)	········	거짓

:: '간절히 바라면 꿈은 이루어진다'는 참일까 거짓일까?

위와 같이 적용되지 않는 예가 하나라도 있다면 그 명제는 거짓입니다. 예를 들어 어떤 반에 키가 180센티미터를 넘는 학생이 한 명밖에 없다고 가정합시다. 이 경우 "이 반 학생들의 키는 180센티미터 이하입니다"라는 말은 잘못된 것이죠. 하나라도 맞지 않는 예가 있다면 그 명제는 거짓입니다.

다른 예도 한 번 들어볼까요. 몇 년 전 출판계는 론다 번(Rhonda Byrne)의 『시크릿』 열풍으로 들썩였습니다. 책의 메시지는 단순명료합니다. "간절히 소망하면 꿈은 반드시 이루어진다"는 것이죠. 이것은 논리적으로 올바를까요? 기분 같아서는 "올바르다"라고 말하고 싶지만, 안타깝게도 수학적으로는 올바르다고 할 수 없습니다. 왜냐하면 꿈을 이룬 사람은 꿈이 이뤄지기를 간절히 바랐겠지만, 간절히 바랐는데도 꿈이 이뤄지지 않는 사람도 있는 법이니까요. 그림으로 그려보면 다음과 같습니다.

간절히 바란 사람이 꿈을 이룬 사람보다 더 큰 범위입니다. 여기서 '간절히 바라다⇒꿈이 이루어진다'는 '대⇒소'이므로 '거짓'일 수밖에 없습니다.

이번에는 기획에 응용해서 생각해 보겠습니다. 30대 남성이 중심인 한 회사의 직원여행을 기획하려고 합니다. 일반적인 30대 남성의 특성에 대해서 리서치 업체에서 조사한 데이터를 그림으로 나타내면 다음과 같습니다.

여기서 모두가 좋아할 만한 여행을 준비하고 싶은 욕심에 자칫 실수하기

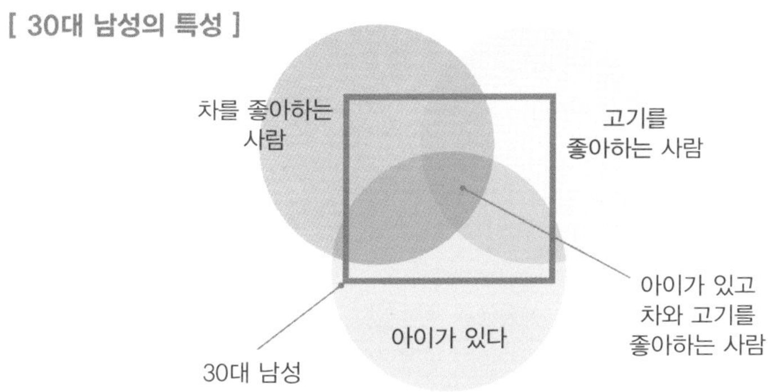

쉬운 것이, 바로 위의 그림 중앙(세 원의 접점)에 속하는 '아이가 있고 차와 고기를 좋아하는 사람'을 위한 여행을 기획하는 것입니다. 예를 들어 2박 3일 일정의 여행을 기획했다고 칩시다. 일정은 F1 관람과 줄 서서 기다려야만 먹을 수 있는 유명한 스테이크하우스에서의 맛있는 식사, 그리고 아이에게 선물할 희귀한 인형을 살 수 있는 상점 방문입니다. 하지만 세 가지 모두를 원하는 사람은 전체 중에 일부에 지나지 않기 때문에 대부분의 사람은 '너무 과하다'고 생각할 수 있습니다. 위의 일정보다는 F1 관람, 스테이크하우스, 인형 가게를 모두 옵션으로 놓고 "필요하다면 안내하겠다"와 같은 태도로 임한다면(실제로는 힘든 일이겠지만) 거의 모든 사원을 만족시킬 수 있지 않을까요?

이 책을 읽고 있는 여러분도 이미 아시겠지만 '30대 남성 ⇒ 아이가 있고 차와 고기를 좋아한다'라고 생각하는 것은 '대 ⇒ 소'이므로 거짓(오류)입니다. 그러나 '30대 남성 ⇒ 아이가 있거나 차를 좋아하거나 고기를 좋아하거나 이 중 하나다'라고 생각하면 '소 ⇒ 대'가 되므로 참(옳음)입니다.

필요조건, 충분조건이라는 말을 사용해서 다시 정리하면 가정이 충분조건, 결론이 필요조건이 되도록 생각하는 것이 올바른 증명(논리)을 도출하는 순서입니다.

[올바른 증명 순서]

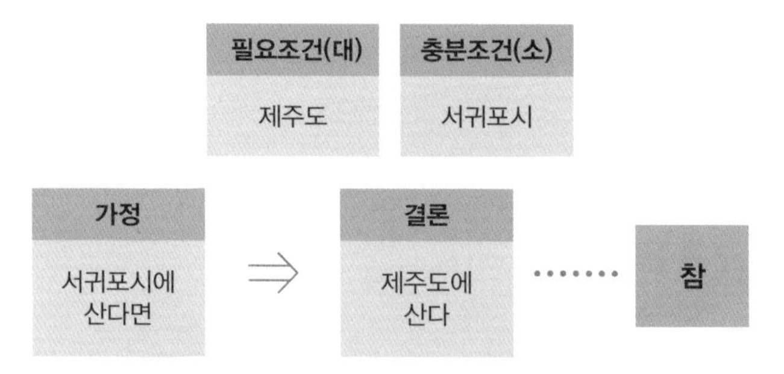

올바른 증명 순서는 작은 것에서 큰 것으로, 충분조건이 가정, 필요조건이 결론이 되도록 생각하는 것이다.

Lesson

04

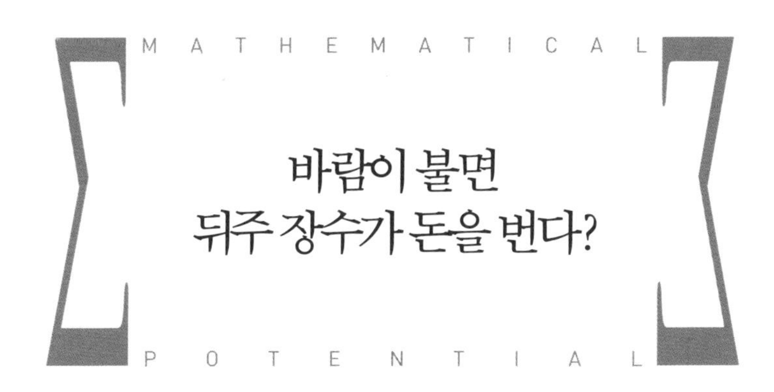

바람이 불면 뒤주 장수가 돈을 번다?

:: 바람이 분다, 뒤주를 만들어라!

지금까지 살펴본 내용을 복습하는 차원에서 "바람이 불면 뒤주 장수가 돈을 번다"라는 말에 대해서 생각해 봅시다. 이 말은 '○○이면 □□이다'와 같이 '가정 ⇒ 결론'의 형태로 된 문장인데, 과연 올바른 증명이라고 할 수 있을까요?

참고로 이 말은 무세키산진(無跡散人)의 저서 『세상학자기질』(世間學者氣質)에서 나온 말로 원문에는 다음과 같은 내용이 있습니다.

샤미센은 우리나라 해금과 비슷한 일본 전통 현악기로 현 세 개로 되어 있다. 고양이 뱃가죽으로 몸통을 만들고, 옛날에는 시각장애인이 주로 연주했다.
그림은 일본의 우키요에 작가 키타가와 우타마노의 〈동백〉. 그림 속 여성이 연주하는 악기가 샤미센이다.

'오늘 큰바람으로 흙먼지가 일어 사람들 눈에 들어가면 세상에는 장님이 많이 생기면서 샤미센이 잘 팔리게 된다. 그러면 고양이 가죽이 많이 필요해져서 고양이가 많이 줄어든다. 결국 쥐가 난무하여 뒤주를 갉아먹게 돼, 뒤주 수요가 많아져 뒤주 장수가 돈을 번다.'

위와 같은 흐름으로 '바람이 불면 뒤주 장수가 돈을 번다'는 '논리'가 나왔습니다. 위의 내용을 다시 보기 좋게 정리하면 다음과 같습니다.

① 큰바람으로 흙먼지가 생겼다.

⇒ ② 흙먼지가 눈에 들어가서 안질환이 발생해 장님이 늘어난다.

⇒ ③ 장님은 샤미센을 산다.

⇒ ④ 샤미센에 사용하는 고양이 가죽 수요가 늘어나 고양이가 많이 죽는다.

⇒ ⑤ 고양이 수가 줄면 쥐가 많아진다.

⇒ ⑥ 쥐가 뒤주를 갉아먹는다.

⇒ ⑦ 뒤주의 수요가 늘어나 뒤주 장수가 돈을 번다.

:: 수상한 증명

현대인의 시각으로는 ② ⇒ ③은 약간 억지라고 생각할 수도 있습니다. 어쨌든 이렇게 순서대로 나열하면 '그럴지도'라고 생각하는 사람도 있을 것입니다. 왜냐하면 '⇒'를 하나하나 따라가다 보면 고개가 끄덕여지기 때문입니다. 그런데 이 문장이 올바른 증명이라면 지금까지 봐왔던 것처럼 '소

⇒ 대'가 되어야 하겠죠. 그것을 확인하기 위해 그림으로 그려보면 다음과 같습니다.

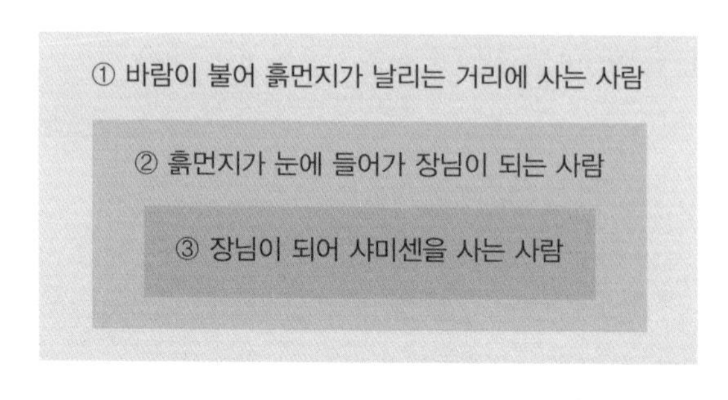

여러분도 이제 아시겠죠? '바람이 불면 뒤주 장수가 돈을 번다'는 문장은 위와 같이 '① ⇒ ② ⇒ ③, ⑤ ⇒ ⑥'만 보더라도 '대 ⇒ 소'의 순서이기 때문에 올바르다고 할 수 없습니다. 흙먼지가 날렸다고 해서 모두 장님이 되는 것은 아니며, 장님이 된 사람들 모두 샤미센을 산다고 생각할 수 없기 때문입니다. 또한 쥐와 관련된 내용에서도 고양이 수가 줄었다고 해서 쥐가 꼭 뒤주를 갉아먹는다고 생각할 수도 없지요.

즉, '바람이 불면 뒤주 장수가 돈을 번다'는 반드시 성립하는 논리가 아니라, '그렇게 되는 경우도 있다'(가능성이 있다)는 것에 불과합니다. 다시 말해 적용되지 않는 경우(반례)가 있다는 것이므로, 이 논리는 '거짓'(오류)

인 셈이죠.

물론 '바람이 불면 뒤주 장수가 돈을 번다'는 말은 말장난에 불과합니다. 이를 곧이곧대로 분석하여 틀렸다고 밝히는 것은, '웃자고 한 말에 죽자고 달려드는' 촌스러운 일입니다. 진짜 '논리'인 것처럼 그럴싸하게 꾸민 교묘함을 음미하면서 한 번 웃었다면 그걸로 충분합니다.

우리가 당연하게 받아들이는 것 중에도 진짜 논리인 것처럼 그럴싸하게 꾸민 '수상한 증명'이 많다.
황사가 빈번히 발생할 때는 삼겹살 매출이 늘어난다. "삼겹살 같은 기름진 음식이 목에 낀 미세먼지 배출을 돕는다"는 속설 때문이다. 이 말은 과거 광부들이 탄광 일을 마치고 술을 마시면서 삼겹살을 안주 삼아 먹던 데서 비롯된 것으로 과학적인 근거가 전혀 없다.

하지만 이 세상에는 이런 식의 '수상한 증명'이 만연해 있으니 주의할 필요가 있습니다. '아침을 먹는 아이는 성적이 좋다', '조기 교육을 받으면 어려운 시험에도 합격한다', '무더운 여름에는 맥주가 잘 팔린다' 등 여러 가지 속설은 사실 모두 '대 ⇒ 소'의 형태이므로 참이라고 할 수 없습니다. 이런 경우, 두 개의 사항에 어느 정도의 인과관계가 있는지 상관계수를 구하는 등의 통계적인 처리가 필요합니다.

그러고 보니 여기서는 수식으로 설명한 부분이 없었네요. 그 때문에 혹시나 '이런 건 학교 다닐 때 배운 적이 없는 것 같은데'라고 생각하실 듯하여 고등학교 때 배웠던 '소(충분조건) ⇒ 대(필요조건)는 참이다'라는 것을 어떻게 사용했었는지 복습해 보겠습니다.

[문제]

명제 '$x<a$ 이면 $x\leq5$이다'가 참이 되는 정수 a 중, 최대수를 구하시오.

[해답]

이미 여러분에게는 간단한 문제라고 생각될 거라 믿습니다. 이 명제가 참이 되기 위해서는 '소 ⇒ 대'가 성립하기만 하면 되므로, a가 정수임에 주의하면 아래 그림과 같이 생각할 수 있습니다.

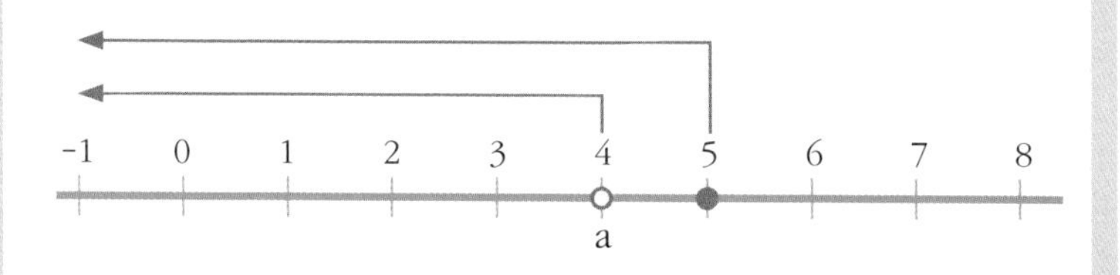

a=4이면 '소 ⇒ 대'

a=5이면 '소 ⇒ 대'

a=6이면 '대 ⇒ 소'

위에서 알 수 있듯이 a가 5 이하일 때 '소 ⇒ 대'가 되므로 주어진 명제가 참이 되는 최대수는 5입니다.

[수학을 찬미한 사람들]

"나에게는 만물이 수로 환원된다"

르네 데카르트 Rene Descartes, 1596~1650년

근대 합리주의의 문을 연 데카르트는 철학자이면서 동시에 수학자였다. 그는 철학적 사고를 위한 가장 훌륭한 도구가 '수학'이라고 생각하였다. 수학만이 명백하고 의심할 수 없는 진리에 도달할 수 있기 때문이다. 그는 수학자들의 추론법을 모든 탐구에 응용할 수 있도록 그 방법을 일반화하고 확장하였다. 이것이 아리스토텔레스에서 데카르트로 이어진 연역적 문제 해결 기술이다. "인류가 우리에게 물려준 다른 어떤 것보다 수학은 가장 강력한 지식의 도구이다." 그의 말 속에 수학의 학문적 지위와 역할, 정체성이 규정되어 있다. 데카르트는 모든 것에 신이 깃들어 있다는 중세적 사고에서 벗어나, 사물이나 자연을 균질한 공간에 놓여 있는 단순한 연장(延長)으로 파악하였다. 이를 설명하기 위해서 x축과 y축으로 된 좌표평면을 고안하였다. 좌표평면은 근대성을 추구하는 인간의 이성이 만들어낸 수학적 산물이다. 그가 좌표평면을 바탕으로 체계화하여 완성한 해석기하학은 뉴턴(Isaac Newton)의 미적분학으로 발전하였고, 이후 수학이 과학 발전을 견인하는데 크게 기여하였다.

Lesson

05

MATHEMATICAL

수학적 발상법 3

변환한다

POTENTIAL

Lesson

05

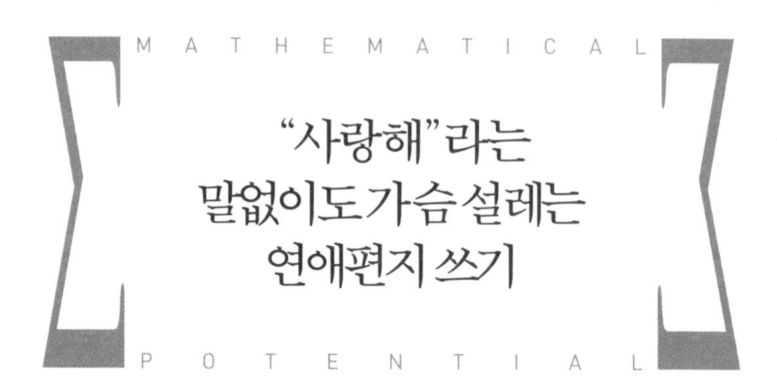

"사랑해"라는 말없이도 가슴 설레는 연애편지 쓰기

:: 노골적이지 않게 마음을 전하는 기술, 변환

앞서 '국어 문제를 수학자가 푼다면'에서 '글쓴이는 말하고자 하는 것을 반복한다'(66쪽)고 했습니다. 글쓴이가 자신의 주장 A를 교묘하게 A′로 변환했기 때문에, 우리는 그 'A = A′'의 관계를 알아냄으로써 문제를 해결했습니다.

어린아이들은 사고 싶은 장난감이 있으면 "사줘! 사줘! 응? 응? 사줘!"와 같이 필사적으로 같은 말을 반복하면서 떼를 씁니다. 하지만 우리 어른들은 같은 말을 반복하기만 해서는 요구를 들어주지 않는다는 것을 알고 있기 때문에 그런 식으로는 말하지 않습니다. 그래서 우리는 전달하고자 하는 바를 여러 형태로 변환합니다.

연애편지를 예로 들어볼까요. 상대방에게 '좋아한다'는 마음을 전하고자 할 때 막무가내로 "좋아해, 좋아해"라고 수십 번 반복하기만 해서는 좀처럼 마음이 전해지지 않습니다(물론 예외도 있습니다). 그래서 우리는 "좋아합니다"라는 말을 다양하게 바꿔 말합니다.

일본의 근대 소설가 아쿠타가와 류노스케. 35세의 나이에 요절했다. 대표작은 『라쇼몽』(羅人門)이 있다. 매년 2회 시상하는 아쿠타가와상은 그를 기념하여 1935년 제정한 문학상으로 나오키상과 함께 일본에서 가장 권위 있는 문학상 중 하나다.

변환의 좋은 예를 볼 수 있는, 아쿠타가와 류노스케(芥川龍之介)가 결혼 전에 배우자인 후미코(塚本文子)에게 쓴 연애편지의 일부를 소개합니다.

후미코에게

지난번에 편지 보내줘서 고마워요. (중략)
만나서 이야기를 많이 하는 것도 아닌데 그냥 또 만나서 함께 하고 싶습니다. 이상한가요. 정말 이상하지만 그런 기분이 듭니다. 웃지 말아 주세요.

그리고 묘한 것은 당신의 얼굴을 상상할 때면 항상 떠오르는 얼굴이 하나 있습니다. 어떤 얼굴이냐고 물으면 뭐라 설명하기 힘들지만 아마도 미소를 띤 얼굴인 것 같습니다. 언젠가 다카나와의 현관에서 봤던 그 얼굴이지요.

(중략)

저는 이따금 그 얼굴을 떠올립니다. 그렇게 괴로울 정도로 간절하게 당신을 생각합니다. 그럴 때는 괴로워도 행복하지요. 저는 모든 것이 행복할 때 가장 불행할 때를 생각합니다. 그렇게 만일 불행해졌을 때를 대비해 심적 훈련을 해봅니다. 저를 가장 불행하게 하는 것 중 하나가 바로 당신이 제 곁에 올 수 없게 되는 것입니다('만일 그런 일이 생긴다면'하고 생각할 뿐입니다). 아무 이유도 없이 말이죠.

(중략)

너무 늦었으니(오전 1시) 이만 쓰겠습니다. 당신은 이미 잠들었겠지요. 자는 모습이 눈에 선합니다. 만일 제가 곁에 있다면 좋은 꿈을 꾸라는 주문으로 감은 두 눈을 살며시 만져주고 싶네요.

9월 8일 밤
류노스케로부터

_『숲속의 집』(藪の中の家) (야마자키 미츠오(山崎光夫) 지음)에서 발췌

:: 변환으로 은근하게, 달콤하게

이 연애편지의 멋진 점은 내용 중에 단 한 번도 "좋아합니다", "사랑합니다"라는 말이 나오지 않는 것입니다. 사랑을 고백하는 직접적인 단어가 한 번도 등장하지 않았음에도 불구하고, 글쓴이의 절절한 마음이 고스란히 느껴집니다.

"그냥 또 만나서 함께 하고 싶습니다", "괴로워도 행복하지요", "저를 가장 불행하게 하는 것 중 하나가 바로 당신이 제 곁에 올 수 없게 되는 것입니다", "좋은 꿈을 꾸라는 주문으로 감은 두 눈을 살며시 만져주고 싶네요" 등은 모두 "좋아합니다"라는 말의 다른 표현입니다. 글쓴이는 "좋아합니다"라는 말을 동의어로 변환하거나 혹은 좋아하기 때문에 생기는 결과에 대해서 말하고 있습니다.

이 멋진 연애편지를 더 깊이 파고드는 것은 별 의미 없는 일이므로 여기까지만 이야기하겠습니다. 연애편지를 예로 살펴본 '변환'은 수학적 발상법 중 하나입니다. '변환한다'에는 '바꿔 말한다'와 '인과관계를 사용한다' 두 가지 방법이 있습니다. 이 방법들을 하나씩 살펴보면서 '변환'을 확실하게 이해해봅시다. 또 압니까, 변환을 완벽하게 이해하면 연애편지의 달인이 될는지요.

영국의 화가 마커스 스톤(Marcus Stone)의 작품 〈몰래 하는 입맞춤〉. 그림 속 남녀가 끌어안거나 눈을 맞추고 사랑을 속삭이고 있지 않음에도 불구하고, 잠든 여인이 깰까 조심스럽게 다가가는 남자의 몸짓을 통해 우리는 여인에 대한 남자의 사랑을 오롯이 느낄 수 있다. 화가가 '사랑'이라는 추상적 표현을 연인을 위한 배려 행위로 '변환'하여 표현했기 때문이다.

Lesson

05

MATHEMATICAL

천하무적의 논리, 동치

POTENTIAL

:: 승패를 정확하게 예측하는 야구 해설자?

변환하는 방법의 하나인 '바꿔 말한다'부터 살펴볼까요. 야구 선수 출신으로 야구 중계 해설자로 활약했던 나가시마 시게오(長嶋茂雄)에 관한 에피소드입니다. 어느날 야구 경기 중계 중에 아나운서가 나가시마에게 질문을 던졌습니다. "나가시마 씨는 오늘 어떤 팀이 이길 것이라고 예상하십니까?" 그러자 나가시마는 "음, 이 경기는 1점이라도 많이 득점하는 팀이 이길 것입니다"라고 대답했습니다. 웃음이 나올 정도로 너무나 당연한 말이라고 생각되지요. 우리가 나가시마의 예측이 당연하다고 생각하는 것은,

경기 전망을 묻는 아나운서에게 "1점이라도 많이 득점하는 팀이 이길 것"이라는 너무 당연한 말을 해 화제가 된 야구 해설가 나가시마 시게오.

이것이 완전히 올바른 말 바꾸기이기 때문입니다.

앞서 필요조건과 충분조건을 복습했습니다. 느슨한 조건(범위가 큰 조건)이 필요조건이며, 엄격한 조건(범위가 작은 조건)이 충분조건이었습니다. 그리고 '서귀포시 거주(충분조건) ⇒ 제주도 거주(필요조건)'와 같이 '충분조건 ⇒ 필요조건'으로 된 명제는 항상 참이라는 것도 확인했습니다.

:: 바꿔말해도 참이라면 동치

이것을 나가시마의 '해설'에 적용해 보겠습니다. A팀과 B팀이 야구경기를 합니다. 'A가 이긴다'와 'A가 1점이라도 많이 득점한다' 중 어느 것이 필요조건인지 혹은 충분조건인지를 확인하기 위해 다음의 두 가지 패턴을 생각합니다.

- A가 이긴다 ⇒ A가 1점이라도 많이 득점한다
- A가 1점이라도 많이 득점한다 ⇒ A가 이긴다

위와 같이 생각하면 두 가지 모두 참이 됩니다. 그렇다면 'A가 이긴다'와 'A가 1점이라도 많이 득점한다'는 둘 다 필요조건이면서 동시에 충분조건일까요? 예, 맞습니다. 이처럼 ⇒ (~이라면)의 전후를 바꿔도 모두 참일 때

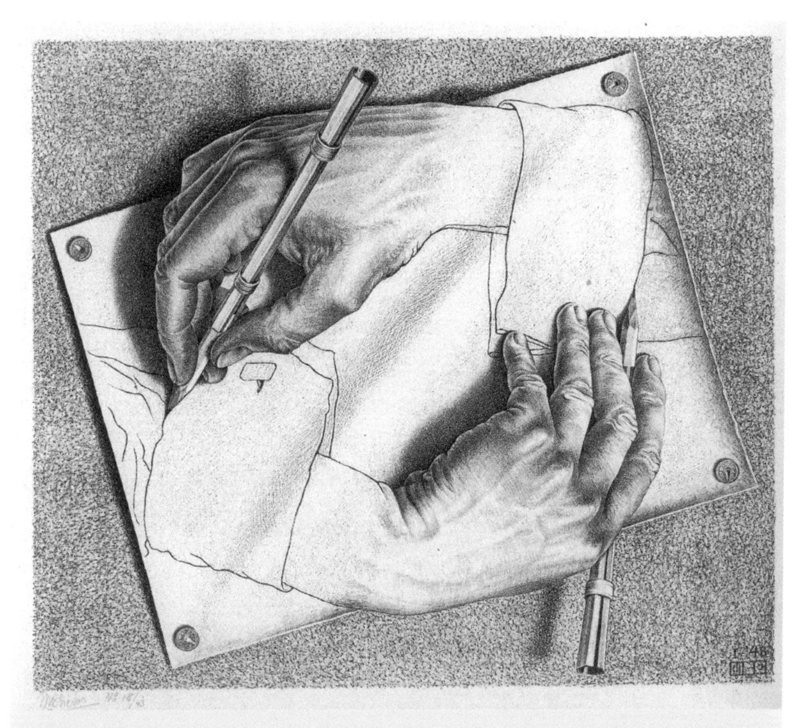

원인과 결과의 순서를 바꾸어도 참일 때는 각각을 필요충분조건이라고 한다. 필요충분조건 관계에 있는 두 개의 사항은 동치라고 한다.
그림은 수학자들이 가장 좋아하는 예술가라는 평을 받는 네덜란드의 판화가 M. C 에셔의 작품 〈그리는 손〉. 그림 속 손과 그림을 그리고 있는 손은 선행과 후행을 가늠할 수가 없다.

는 각각을 '필요충분조건'이라고 말합니다. 그리고 두 개의 사항이 서로 필요충분조건일 때 그 두 개의 사항을 '동치'(同値)라고 합니다. 즉, 'A가 이긴다'와 'A가 1점이라도 많이 득점한다'는 서로 필요충분조건이며 동치입니다.

어떤 사항을 바꿔 말할 때 필요충분조건 관계에 있는 사항(동치인 사항)으로 바꿔 말하면 그 논리는 절대로 깨지지 않습니다. 나가시마는 야구 경기에 이기는 것을 '1점이라도 더 많이 득점한다'라는 동치인 사항으로 바꿔 말한 것이므로, 논리적으로 완전히 올바르다고 할 수 있습니다.

:: 논리를 단단하게 만드는 말 바꾸기

여러분의 이해를 돕기 위해 조금 극단적인 예를 들어보겠습니다.

직사각형 ⇒ 모든 각도가 같은 사각형
모든 각도가 같은 사각형 ⇒ 직사각형

둘 다 올바른 명제이지요. '직사각형'과 '모든 각도가 같은 사각형'은 동치이므로, '직사각형'을 '모든 각도가 같은 사각형'이라고 바꿔 말해도 논리적으로 옳다는 사실은 변함없습니다.

참고로 수학 교과서에서는 필요충분조건과 동치를 다음과 같이 설명합니다.

[필요충분조건]

'p ⇒ (이면) q'와 'q ⇒ (이면) p'가 동시에 참일 때,
p는 q이기 위한 필요충분조건이며 q도 p이기 위한 필요충분조건이다.

또한 p와 q가 서로 필요충분조건 관계일 때 다음과 같이 표현합니다.

[동치] 'p와 q는 동치이다'라고 하며 'p ⇔ q'로 나타낼 수 있다.

여기서 '⇔'는 동치를 나타내는 논리기호입니다.

제가 봐도 정말 어려운 설명이네요. 그런데 대부분의 교과서는 필요충분조건과 동치를 이런 식으로 기술하고 있습니다. 이쯤이면 많은 사람이 수학을 싫어하는 것도 당연하다고 생각됩니다. 하지만 논리적이기 위해서는 어떤 사항을 다른 사항으로 바꿔 말했을 때, 그 두 가지 사항이 동치인지 아닌지를 알아챌 수 있는 것이 아주 중요합니다.

"둥근 달걀도 자르기에 따라서 사각이 된다", "말투에 따라서 모가 난다"는 말 들어보셨나요. 같은 말도 어떻게 표현하느냐에 따라 달라진다는 의미의 일본 속담입니다. 일본에서는 예로부터 상대방에게 상처 주지 않고 말하는 것을 미덕으로 여겼습니다. 결과적으로 조금은 솔직하지 못한 화법이 될 수도 있겠지만, 바꿔 말하는 것이 하나의 문화로 자리 잡고 있습니다. 단, 이 세상에는 전혀 동치가 아닌 '바꿔 말하기'도 존재하는 경우가 적지 않으므로 주의합시다.

일반적으로 수학의 식 변형은 언제나 동치 변형이어야만 합니다.
간단한 수식을 예로 들어보겠습니다.
$2x+1=5$ 라는 방정식에서

$$\begin{aligned} 2x+1=5 &\Leftrightarrow 2x=5-1 \\ &\Leftrightarrow 2x=4 \\ &\Leftrightarrow x=2 \end{aligned}$$

와 같이 풀 수 있는 것은 각 행이 동치 변형으로 되어 있기 때문입니다. 다른 예를 들어볼까요.

$$\sqrt{x} = x - 2$$

라는 방정식은 양변을 2승해서 다음과 같은 답을 구할 수 있습니다.

$$x=(x-2)^2 \Leftrightarrow x = x^2-4x+4$$
$$\Leftrightarrow x^2-5x+4=0$$
$$\Leftrightarrow (x-1)(x-4)=0$$
$$\Leftrightarrow x=1 \text{ 또는 } x=4$$

x가 4일 때는

$$\sqrt{4} = 4-2$$
$$2 = 2$$

가 되므로 이것이 올바른 풀이라는 것을 알 수 있습니다.

하지만 x가 1일 경우, 답이 이상해집니다.

$$\sqrt{1} = 1-2$$
$$1 \neq -1$$

왜 그런 것일까요?

일반적으로 '양변을 2승'하는 변형은 동치 변형이 아니기 때문입니다. 이러한 점을 알지 못한 채 문제를 풀면 위와 같이 잘못된 '답'을 얻게 되는 것이죠. 이 문제를 바르게 풀려면 $\sqrt{x}$가 양수임에 주의하여 $\sqrt{x}$와 =로 연결된 x-2도 양수라는 조건 즉, $x-2>0$을 추가하여 2승을 할 필요가 있습니다.

:: 몽상가에게 필요한 동치 변형

어떤 사항을 그와 동치인 사항으로 바꿔 말하는 것을 '동치 변형'이라고 합니다. 동치 변형은 관점을 바꾸는 발상법이지요. 동치 변형은 누군가를 설득할 때뿐만 아니라 다른 상황에서도 많은 도움이 됩니다.

예를 들어 어떤 자격시험이 있다고 가정합시다. 이 시험에 합격하기 위해서는 실무경험이 3년 필요하고, 필기시험에서 80% 이상 득점해야 하고, 면접시험에 합격해야 합니다. 실무경험, 필기시험, 면접시험 이렇게 세 가지 조건을 만족한 사람은 반드시 자격을 취득할 수 있습니다. 즉,

$$\left.\begin{array}{l}\text{실무경험이 3년 이상}\\\text{필기시험 8할 이상 득점}\\\text{면접시험 합격}\end{array}\right\} \Rightarrow \text{(이면) 자격시험에 합격}$$

임과 동시에

$$\text{자격시험에 합격} \Rightarrow \text{(이면)} \left\{\begin{array}{l}\text{실무경험이 3년 이상}\\\text{필기시험 8할 이상 득점}\\\text{면접시험 합격}\end{array}\right.$$

입니다. 이제 아시겠죠? '자격시험에 합격'과 '세 가지 조건(실무경험, 필기시험, 면접시험)을 동시에 만족'하는 것은 서로 필요충분조건입니다. '⇔'을 사용해서 써볼까요.

실무경험이 3년 이상
필기시험 8할 이상 득점 } ⇔ 자격시험에 합격
면접시험 합격

이것을 그림으로 그려보면 다음과 같습니다.

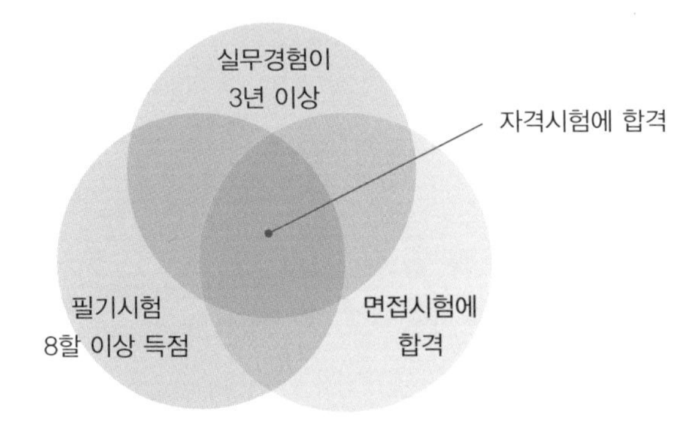

실무경험, 필기시험, 면접시험은 각각 자격시험 합격보다도 큰 범위(느슨한 조건)이므로 필요조건입니다. 그런데 이 세 가지의 필요조건을 동시에 만족하는 범위(자격시험에 합격)는 필기시험에만 합격하는 범위와 비슷한 크기입니다.

앞의 예와 같이 어떠한 목표를 달성하고자 할 때, 몇 가지 필요조건을 겹쳐 보면 필요충분조건이 된다는 감각을 가지면 굉장히 유용합니다. 자격을 취득하고자 하는 목표를 가졌다고 해도 그냥 '자격을 취득하고 싶다'라고 바라기만 한다면 영원히 그 바람은 이루어지지 않을 것입니다. 하지만 자격증을 따는 데 필요한 조건을 겹쳐보면서 필요충분조건을 알게 된다면,

무엇을 해야 할지 구체적인 목표를 세울 수 있습니다.

앞의 예에서와같이 실무경험, 필기시험, 면접시험이 세 가지 조건을 만족하는 것이 자격을 취득하는 것과 '동치'임을 알면 '자격을 취득하고 싶다'는 바람은 다음과 같이 바뀝니다. '실무경험을 3년 쌓는다', '필기시험에 80% 이상 득점할 수 있도록 공부한다', '면접에 합격하기 위한 인성을 다듬는다'라는 세 가지 행동으로 변환됩니다. 즉, 동치 변형을 통해 희망이 행동으로 변환됩니다. 동치 변형은 바로 이런 식으로 사고의 내밀한 부분에까지 도움을 줍니다.

동치 변형은 꿈만 꾸다 좌절하고 마는 몽상가들에게 권해주고 싶은 수학 발상법이다. 동치 변형을 통해 꿈에 이르기 위한 구체적인 방법을 찾을 수 있다.
사진은 프랑스의 조각가 오귀스트 로뎅(Auguste Rodin)의 작품 〈생각하는 사람〉.

Lesson

05

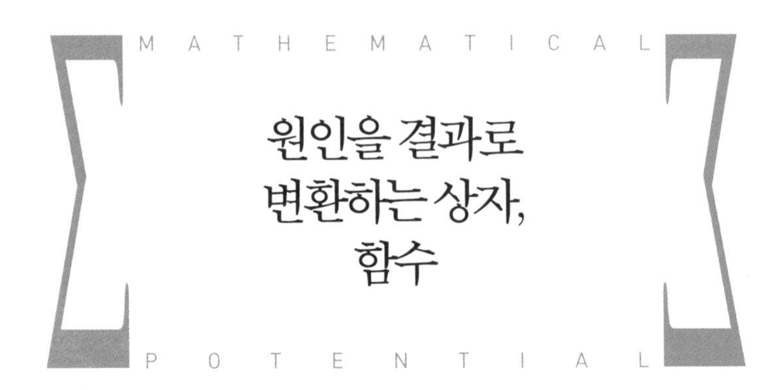

원인을 결과로 변환하는 상자, 함수

:: 원인 규명과 결과 예측을 위한 강력한 무기, 함수

일상이나 직장 생활에서 눈앞에 있는 '결과'로부터 원인을 규명하거나 혹은 반대로 앞으로 하게 될 행동이 어떤 결과로 연결될지를 예상하는 것이 필요할 때가 많습니다. 그런 순간, 경험이나 직감에 맡긴 판단을 해버린 탓에 중대한 실수를 저지른 경험은 누구나 한 번쯤 있을 것입니다. 그래서 이번에는 원인을 결과로, 결과를 원인으로 올바르게 변환하려면 어떻게 해야 하는지 알아보겠습니다.

그러기 위한 강력한 무기가 바로 '함수'(函數)입니다. 혹시 지금 '윽, 드디어 나왔군! 이제 책을 덮을 때가 됐어'라고 생각하신 분, 잠시만요! 함수는 분명 깊이 파헤칠수록 어려운 세계이지만, 그 기초는 절대 어렵지 않습니다. 게다가 우리가 일상의 논리에서 사용하는 함수 개념은 기초에 불과하니까 마음 놓으세요.

함수는 입력된 값을 일정한 룰을 기준으로 변환해서 출력하는 상자다. 우리는 함수를 통해 원인으로부터 결과를 예측하고, 결과로부터 원인을 역추적할 수 있다.

자, 초심으로 돌아가 함수의 뜻부터 살펴볼까요. 함수의 함(函)은 "함을 받다", "편지를 우편함에 넣다" 등에 사용하는 한자 함 함입니다. 바로 '상자'라는 의미입니다. 즉 함수란 '상자 안의 수'인 셈이죠. '상자 안의 수가 뭐야?'라고 의아하게 생각하실 테니 좀 더 쉽게 설명하겠습니다.

:: 상자가 숫자를 먹고 뱉어내는 룰

여기서 말하는 상자는 두 개의 출입구가 있습니다. 하나는 '입력구', 다른 하나는 '출력구'이죠. 상자 안을 들여다볼 수는 없지만, 이 상자는 입력구에 어떤 값을 넣으면 출력구로 어떤 값이 나오는 구조입니다. 단, 출력되는 값은 아무렇게나 나오는 것이 아니라 입력된 값에 따라 결정되는 수이며 입력된 값을 어떻게 출력할지에 대한 룰이 있습니다. 즉, 함수라는 것은 입력된 값을 일정한 룰을 기준으로 변환해서 출력하는 상자입니다.

예를 들어 볼까요. 여기에 상자가 있습니다. 이 상자에 1을 넣으면 2가 나오고 2를 넣으면 4가 나옵니다. 그리고 3을 넣으면 6이 나옵니다. 이제 눈치채셨나요? 그렇습니다. 이 상자에는 '입력된 값의 두 배(×2)를 출력한다'라는 룰이 있습니다. 입력구에서 집어넣은 값을 x, 출력구로 나오는 값을 y라고 하면(문자는 아무거나 상관없습니다) 이 상자의 경우, x와 y 간에는 y = 2x라는 함수가 성립합니다. 그림으로 그려보면 다음과 같습니다.

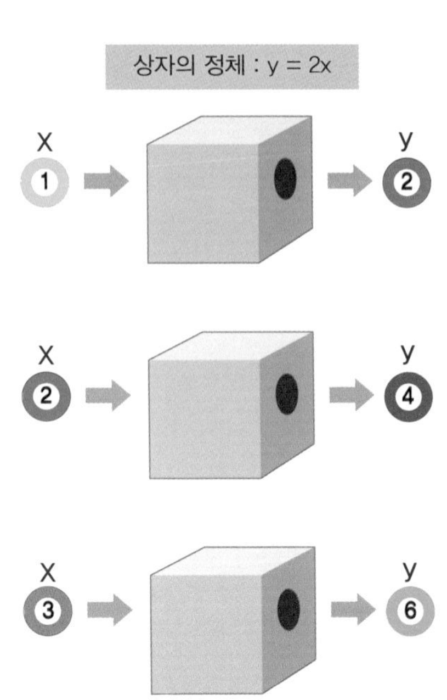

여기서 중요한 것은 x의 값을 자유롭게 결정할 수 있다는 점입니다. 그에 비해 y의 값은 x 값에 의해 결정됩니다. 이럴 때 x를 독립변수, y를 종속변수라고 합니다. '독립변수'란 다른 것으로부터 아무런 제약을 받지 않는 변수를 말합니다. 'x가 독립변수'라는 것은 'x에는 어떤 수를 넣어도 괜찮다'는 의미입니다. 그에 비해 '종속변수'란 자유롭게 값을 결정할 수 없는 변수를 말하지요. 'y가 종속변수'라는 것은 'y는 다른 수(독립변수)에 의해 결정되는 수'라는 의미입니다. 이처럼 y가 x에 의해 결정되는 수일 때 'y는 x의 함수이다'라고 말합니다.

그럼, 약간 짓궂은 질문을 하나 드려볼까요? $y^2=x$일 때 y는 x의 함수라고 할 수 있을까요? '짓궂은'이라는 말에서 짐작하셨겠지만 $y^2=x$일 때 y는 x의 함수가 아닙니다. 왜냐하면, 예를 들어 $x=4$일 때 2승해서 4가 되는 수는 2와 -2 이렇게 두 가지가 있으므로, y가 하나로 결정되지 않기 때문입니다(참고로 $y^2=x$일 때 x는 y의 함수입니다).

:: 왜 함수의 답은 하나여야 하는가?

$$y^2=4 \Leftrightarrow y=\pm 2$$

이런 식으로 쓰면 '음, 답이 두 개로 좁혀졌으니 결정된다고 받아들여도 되지 않나?'라고 생각도 할 수 있겠지요. 하지만 굳이 '하나의 답'에 집착하는 데는 이유가 있습니다. 그것은 x와 y 간에 유익한 인과관계를 성립시키기 위해서입니다. 여기서 입력인 x를 원인, 출력인 y를 결과라고 생각한다면 일반적으로 원인과 결과의 대응에는 다음과 같은 네 가지 유형이 있겠지요.

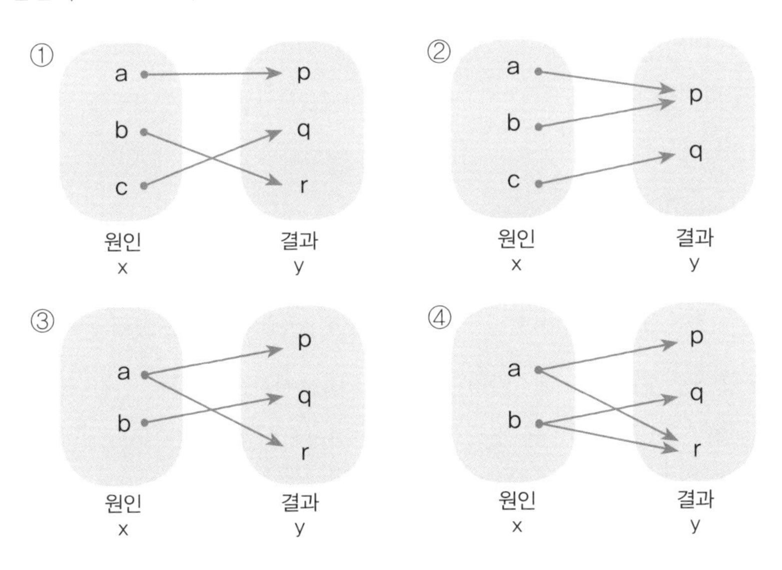

① 어떤 원인으로 일어나는 결과는 하나로 정해지며, 또한 어떤 결과의 원인도 하나로 특정할 수 있다.

② 어떤 원인으로 일어나는 결과는 하나로 정해지지만, 어떤 결과의 원인은 하나로 특정할 수 없다.

③ 어떤 원인으로 일어나는 결과는 하나로 정해지지 않지만, 어떤 결과의 원인은 하나로 특정할 수 있다.

④ 어떤 원인으로 일어나는 결과는 하나로 정해지지 않으며, 또한 어떤 결과의 원인도 하나로 특정할 수 없다.

자, 이들 중에서 우리에게 유익한 것은 무엇일까요? 우선 ①은 두말할 필요 없이 고마운 관계지요. 어떤 사항의 원인과 결과가 ①과 같은 관계라는 것을 알 수 있다면, 미래에 일어날 결과를 완전히 예상할 수 있을 뿐만 아니라 동시에 과거에 일어난 결과의 원인을 특정하는 것도 가능하기 때문입니다.

②의 경우는 어떨까요? 이 경우도 미래에 일어나는 일의 결과를 완전히 예상할 수 있으므로, 취해야 하는 행동을 안심하고 선택할 수 있습니다. 단, 결과의 원인은 특정할 수 없으므로 부적절한 경우도 있겠지요.

③은 조금 곤란한 내용입니다. 과거에 일어난 일의 원인을 특정할 수 있다는 것은 전혀 무익하다고는 할 수 없지만, 미래에 발생할 결과를 특정할 수 없다는 것은 앞으로 어떻게 행동해야 하는지를 모른다는 것입니다. 휴대전화가 없었던 시절에 여자친구 집에 전화하면 부모님이 받을 수도 있기 때문에 긴장할 수밖에 없었습니다. 그와 마찬가지로 알 수 없는 불안을

떠안게 되는 경우입니다.

④는 말할 필요도 없이 무용지물입니다. 이런 경우는 양자 간에 아무런 인과관계가 없습니다.

그러므로 우리에게 있어서 미래의 행동을 안심하고 선택할 수 있다는 의미에서 유익한 것은 어떤 원인에서 하나의 결과를 특정할 수 있는 ①과 ②의 인과관계입니다. 이로써 원인(x)에 대한 결과(y)를 하나로 특정하는 것의 중요함을 이해하셨으리라 생각합니다.

정리해 보면 다음과 같습니다.

y가 x의 함수일 때

x는 독립변수(입력), y는 종속변수(출력)

x에 의해서 y가 하나로 결정된다

이렇게 해서 함수의 기초는 끝났는데, 어떠셨나요? 제가 처음 '함수'라는 말을 꺼냈을 때 머릿속을 오고 갔던 함수에 대한 생각만큼 어렵지는 않으셨죠?

Lesson

05

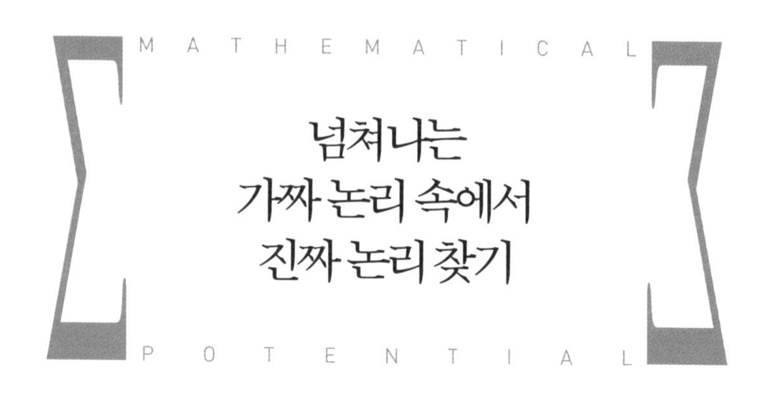

:: 함수를 일상생활에 적용하기

자, 그럼 이제까지 복습한 함수 개념을 일상생활에 적용해 생각해볼까요. 알다시피 우리 주위에는 많은 인과관계가 있습니다.

- 그녀가 우는 것은 그가 기념일을 잊었기 때문이다.
- 상사에게 혼난 것은 사고로 전철이 늦어져 지각했기 때문이다.
- 거품 붕괴는 실제 가치보다 가격이 너무 올라갔기 때문이다.
- 특별 할인 상품을 못 산 것은 평소의 행동이 나빴기 때문이다.
- 일이 잘 풀리지 않은 것은 외출할 때 오른발부터 집을 나섰기 때문이다.

이 중에는 전혀 인과관계가 없는 것처럼 보이는 것도 있습니다. 하지만 실제로 이러한 '논리'가 생활 속에 넘쳐나고 있습니다. 그 속에서 진정한 의미의 '논리'를 찾기 위해서는 눈앞의 결과에 대해서 무엇이 진짜 원인인지를 간파하는 안목을 길러야 합니다.

그럼 어떻게 하면 진정한 인과관계를 알아챌 수 있을까요? 여기서 말하는 진정한 인과관계란 결과가 원인의 함수로 된 관계입니다. 어떠한 사항에서도 원인은 독립적이며 또한 그 원인에 의해서 결과가 하나로 결정되는 경우, 거기에는 굉장히 강력하고 유익한 인과관계가 있다고 할 수 있습니다.

:: 원인은 이야기의 출발점

진정한 인과관계인지 여부를 간파하기 위해서는 우선 자신이 생각하고 있는 원인이 다른 사항으로부터 독립적인지를(독립변수인가) 생각해야 합니다. '진정한 원인'은 원인에서 결과에 이르는 이야기의 출발이므로 다른 사항으로부터 제약을 받지 않습니다.

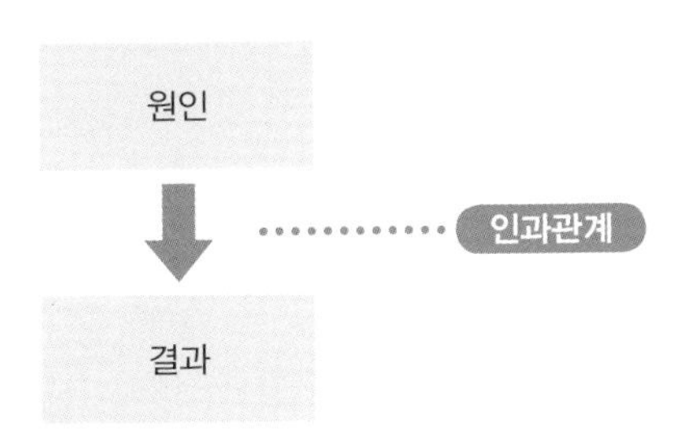

한편, 언뜻 보기에는 '원인'으로 생각되었던 것이 '가짜 원인'일 경우, 그것은 이야기의 처음이 아닌 '진짜 원인'의 결과입니다. 이러면 '가짜 원인'이 '인과관계 ①'의 결과인 것을 간파하여 '진정한 원인'을 찾아야 합니다. 그림으로 그리면 다음과 같습니다.

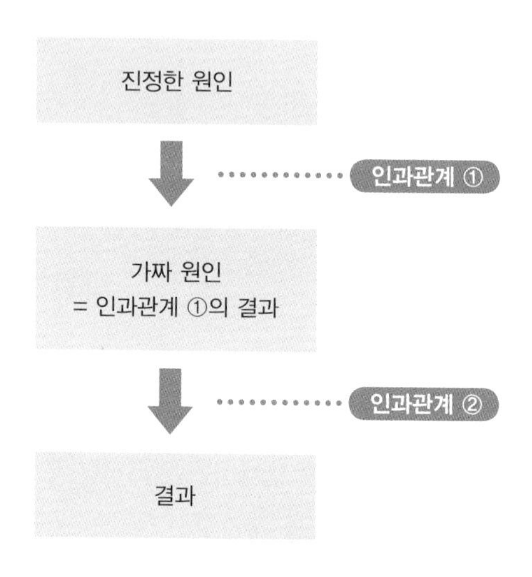

:: 그녀가 우는 것은 그가 기념일을 잊었기 때문이다?

앞서 예로 든 '그녀가 우는 것은 그가 기념일을 잊었기 때문이다'를 검증해 봅시다. 대부분의 경우 기념일을 잊어버린다는 것은 다른 사항의 영향을 받지 않습니다. 즉 '독립변수'이며 다른 '진정한 원인'의 결과를 생각하기 힘들죠. 그러므로 '그가 기념일을 잊었다'는 '그녀가 운다'라는 결과의 원인이라고 생각해도 되겠지요.

하지만 만약에 그가 기억상실증이라고 한다면 어떨까요(너무 극단적이라

죄송합니다)? 그렇게 되면 '기념일을 잊었다'는 '기억상실'이라는 원인의 결과이므로 독립적이지 않습니다. 즉 '진정한 원인'이 아니라고 생각할 수 있습니다. 실제로 이러한 상황이면 그녀는 그가 기념일을 잊은 것이 원인이 되어 울지는 않겠지요. 이 경우는 그가 기억상실이 된 것에도 어떠한 원인이 있을 터, 맨 처음 일어난 '진정한 원인'(그는 기억상실증이다) 때문에 그녀가 우는 것으로 생각하는 것이 타당합니다.

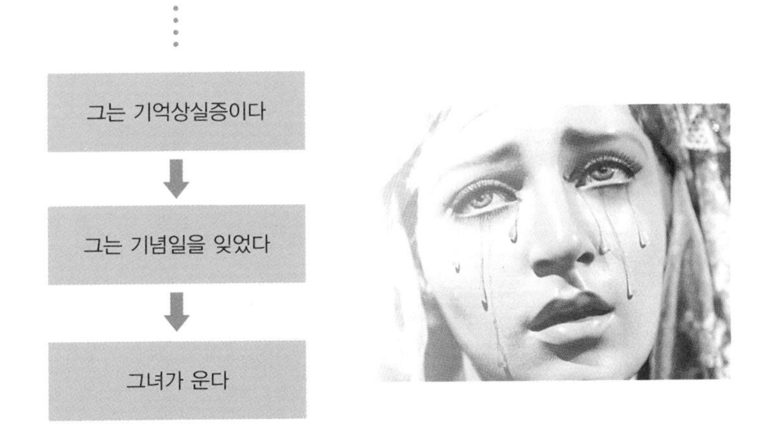

:: 일이 잘 풀리지 않은 것은 외출할 때 오른발부터 집을 나섰기 때문이다?

'일이 잘 풀리지 않는 것은 외출할 때 오른발부터 집을 나섰기 때문이다'라는 문장은 어떨까요? 물론 외출할 때 오른발이나 왼발 어떤 발로 먼저 나가는 것은 다른 사항의 제약을 받지 않습니다. 독립변수이죠.

그렇다고 해서 '오른발부터 나갔다'는 '일이 잘 풀리지 않는다'라는 결과의 논리적인 원인일까요? 이미 눈치채셨겠지만, 그것은 경솔한 생각입니다. 왜냐하면 오른발부터 먼저 나갔을 때 일이 잘 풀리는 경우가 많았다고 해도(그 '많았다'라는 것도 검증할 필요가 있겠지만), 오른발부터 집을 나섰는데도 일이 잘 풀리지 않았던 경우도 있을 테니까요. 또 왼발부터 먼저 나갔는데도 일이 잘 풀렸던 경우도 있을 테고, 반대로 왼발부터 나갔을 때 일이 잘 풀리지 않았던 경우도 있겠죠. 그림으로 그려보면 다음과 같습니다.

이것은 앞서 나온 ④'어떤 원인으로 일어나는 결과는 하나로 정해지지 않

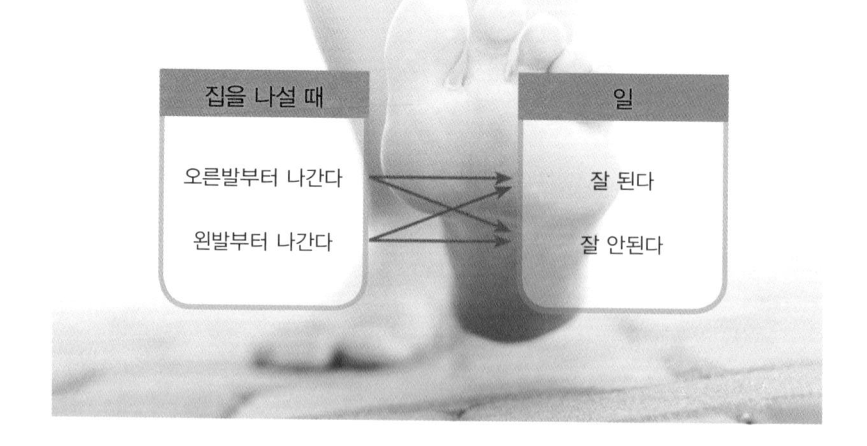

으며, 또한 어떤 결과의 원인도 하나로 특정할 수 없다'의 인과관계(167쪽)와 같은 유형입니다. 그렇습니다. 이것은 엉터리 인과관계이므로 일이 잘 풀린 진짜 원인은 다른 데서 찾아야겠지요.

결국, 함수라는 것은 원인을 결과로 변환하는 상자입니다. '상자'의 정체를 규명할 수 있으면 우리는 자신의 행동을 자유롭게 선택할 수 있는 상황에서 일어날 수 있는 결과를 완벽하게 예상할 수 있습니다. 살아가면서 이만큼 안심되는 것도 없겠지요.

:: 함수로 설명할 수 없는 관계에 대한 대처법

하지만 이 세상의 모든 것에서 함수와 같은 인과관계를 찾을 수 있는 것은 아닙니다. 원인이 어떻게 결과로 변환되었는지 제대로 보여주지 못하는 블랙박스도 수없이 많습니다. 또 이 세상은 시시각각 변하기 때문에 예전에는 함수적인 진짜 인과관계가 성립했던 사례라 해도 현대에 와서는 그렇지 않게 되는 경우도 드물지 않습니다. 그래서 과학자들은 더욱 다양한 사례에 대해서 진정한 인과관계를 찾기 위해 밤낮으로 연구하는 것이겠죠.

예를 들어 심리학에서는 연구자가 피험자에게 자유롭게 설정할 수 있는 실험조건을 독립변수라 말하고, 실험으로 측정하는 결과를 종속변수라고 합니다. 이러한 명명법을 보더라도 심리학이 실험을 통해 함수적인 인과관계를 찾으려고 노력하는 것을 알 수 있습니다. 심리학은 언제나 딜레마를 내포하고 있습니다. 독립변수인 실험조건(원인)을 적절히 제어하기 힘들거나, 독립변수로 정의한 것 이외의 요인이 피험자에게 중대한 영향을 미

심리학 실험은 독립변수(실험조건)와 종속변수(결과)의 함수적인 인과관계를 찾으려 노력한다.
사진은 불법적인 지시에 다수가 항거하지 못하는 심리 매커니즘을 밝혀낸 스탠리 밀그램(Stanley Milgram)의 '권위에 대한 복종 실험'(일명 밀그램 실험) 장면.

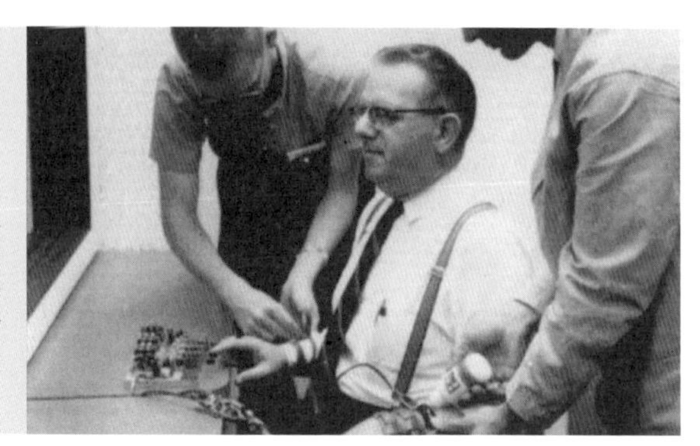

치는 경우가 있거나, 올바른 종속변수(결과)를 얻지 못하는 경우가 바로 그것입니다.

현실 사회에서는 어떤 '원인'에 대해서 100퍼센트는 아니더라도 80퍼센트 정도는 똑같은 '결과'가 나오는 경우도 있습니다. 그럴 때 둘 사이에 '어떤 인과관계가 있다'고 생각하는 것을 완전히 비논리적이라고는 하지 않겠습니다. 하지만 이런 상황에서도 거기에 있는 인과관계가 함수적으로 절대적이지 않다고 자각하는 것이 중요합니다. 20퍼센트의 예상하지 못한 결과가 일어나는 경우를 무시하고, 함수적인 인과관계가 있다고 착각하는 것은 매우 위험합니다. 부분을 전체인 것처럼 생각하는 '성급한 일반화의 오류'를 범할 수 있기 때문이지요. 이러한 오류가 곧 편견이 됩니다.

[수학을 찬미한 사람들]

"수학은 질문을 던지는 예술을, 문제를 푸는 기술보다 훨씬 더 높게 평가한다"

게오르크 칸토어 Georg Cantor, 1845~1918년

칸토어는 수학 기초론의 바탕이 된 집합론을 구축하고, 가장 위대한 수학자라 칭송받는 가우스마저 뒷걸음질하게 한 무한의 베일을 벗긴 학자다. 그는 불과 스물아홉 살에 집합론과 무한이론에 관한 혁명적인 논문을 발표했다. 하지만 그의 논문은 발표 당시 내용이 너무 혁명적이어서 대다수 수학자가 이해하거나 받아들이지 못했다. 무한에 대한 그의 연구는 크로네커, 푸앵카레 등 동시대 수학자들의 거센 반대에 부딪히기도 했다. 칸토어는 자신을 둘러싼 따가운 시선 때문에 인생 후반부에 우울증에 시달렸고 그로 인해 수학적 능력을 다 발휘하지 못하고 수차례 정신병원에 입원해야 했다. 현대수학의 이정표를 만들었지만, 당시 유럽 사상계를 지배하던 기득권층과 새로운 것을 거부하던 세력에 맞섰던 칸토어는 논문을 통해 "수학의 본질은 사고의 자유에 있다"는 말을 부르짖었다. 1891년 1월 6일, 무한의 신비를 파헤치다 지치고 쇠약해진 칸토어는 할레 대학 정신병원에서 쓸쓸히 숨을 거뒀다. 수학에서는 답보다 질문이 중요하다. '왜'라는 질문에서 미지의 대상을 향한 탐구 정신이 발아(發芽)하기 때문이다. 수학을 잘하는 비결은 간단하다. 아이처럼 끊임없이 '왜?'라고 질문하는 것이다.

Lesson

06

M A T H E M A T I C A L

수학적 발상법 4

추상화한다

P O T E N T I A L

:: 수학 교과서 차례에 숨은 뜻

중학교에 들어가서 '수학'이 시작되었을 때 가장 먼저 무엇을 배웠는지 기억하시나요? 중학교 1학년 수학 교과서의 맨 처음에 있는 단원은 바로 '양수와 음수'입니다. 아직 초등학생티를 벗지 못한 아이들은 "마이너스 2kg 늘어난다는 것은 2kg 줄었다는 뜻이에요" 등과 같은 내용을 배우게 되죠.

19세기 독일의 수학자 레오폴드 크로네커(Leopold Kronecker)는 "신은 자연수를 창조했고, 그 외 나머지 수들은 인간에 의해 만들어졌다"라고 말했다고 합니다. 자연수라는 것은 '1, 2, 3……' 처럼 양의 정수를 말합니다. 최근 연구에서 돌고래나 원숭이, 비둘기도 자연수를 사용할 수 있다는 것이 밝혀졌습니다. 그러나 분수나 소수의 경우, 인간 이외의 동물이 이해하는 것은 거의 불가능하겠지요.

정수론 정립에 크게 기여한 독일의 수학자 레오폴드 크로네커.

왜냐하면 자연수 이외의 수를 제대로 사용하려면 '3분의 1이란 세 개로 나눈 것의 하나', '0.1이란 1의 10분의 1', '마이너스 2란 수직선에서 양의 방향의 반대 방향으로 두 개 나아간 거리' 등과 같은 개념이 필요하기 때문입니다. 단, 분수나 소수의 경우, 개념이 필요하다고는 해도 눈으로(예를 들어 케이크를 삼등분해 보거나 종이테이프를 십등분해 보는 것 등을 통해) 확인할 수 있으므로 그 개념을 실감하기는 비교적 쉽습니다. 그러나 음수의 개념을 실감하기란 그리 간단한 일이 아닙니다.

'수학'이 시작되면 무리수나 허수와 같은 '수'도 배우게 됩니다. 무리수라는 것은 분수로 나타낼 수 없는 수로, π(원주율)나 $\sqrt{2}$ 등이 그에 해당합니다. 무리수는 소수로 나타내면 $\pi=3.14159265359$……와 같이 소수점 이하에 무한대로 수가 계속되므로 그 정확한 값을 알 수 없습니다. 한편, 허수라는 것은 2승하면 음이 되는 수로서 이 세상에 존재하지 않는 수입니다. 이러한 수의 이해를 위해서는 한층 더 깊은 개념의 등장이 불가결하지요. 어찌 됐든 우리는 수학의 맨 처음에 나오는 음수를 통해서 개념으로 이해하는 훈련을 시작하게 됩니다.

그렇다면 음수 다음에 배우는 단원은 무엇일까요? 바로 '문자식'입니다. 숫자 대신 a나 x 등의 문자를 사용하는 것을 배우죠. 음수가 개념으로 세계를 이해하는 훈련이라고 한다면, 문자식은 대상을 추상화하기 위한 훈련이라고 할 수 있습니다.

:: 공통되는 성질을 추출한다

자, 그럼 이 '추상화'를 살펴봅시다. 사전적인 의미의 추상화는 '사물 또는 현상에서 어떤 요소, 측면, 성질을 추출하여 파악하는 것'입니다. 근본적으로 수학은 '사물의 본질을 파악하자', '눈에 보이지 않는 규칙이나 성질을 끄집어내자'라는 기본정신을 바탕으로, 개요를 세워서 사물이나 현상에 관해 생각해 나가는 힘을 키우는 학문입니다. 추상화, 즉 본질을 끄집어내는 것이야말로 수학의 최대 목표라고 해도 결코 과언이 아닙니다.

'2, 4, 6, 8, 10, 12, 14……'와 같이 연속되는 수를 추상화하면 '2n'이라는 문자식으로 표현할 수 있다.

예를 들어 '2, 4, 6, 8, 10, 12, 14……'와 같은 수가 연속되어 있다면 이들 수에 공통되는 본질은 무엇일까요? 그렇습니다, 여기에 나열된 것은 짝수이므로 이들 수의 본질은 '2×정수로 나타낼 수 있는 수'입니다. 물론 이처럼 말로 설명해도 좋겠지만, 문자를 사용하여 '2n'(n은 정수)과 같이 굉장히 단적으로 표현할 수 있습니다. 짝수가 2의 배수라는 것은 아주 단순하여서 문자 사용의 고마움은 별로 느껴지지 않을지도 모르겠습니다. 하지만 다음의 예는 조금 다를 것입니다.

무엇이든 구체적인 예에서 그 수가 가지고 있는 본질을 간파하는 것은 어려운 일이지요. 하지만 구체적인 예의 각각에 공통되는 성질이 문자로 표현되면 그 안에 감추어진 본질은 일목요연하게 드러납니다. 구체적인 예에서 공통되는 본질을 단적으로 표현할 수 있는 것이야말로 문자를 수식에 사용하는 커다란 매력이라 할 수 있겠죠.

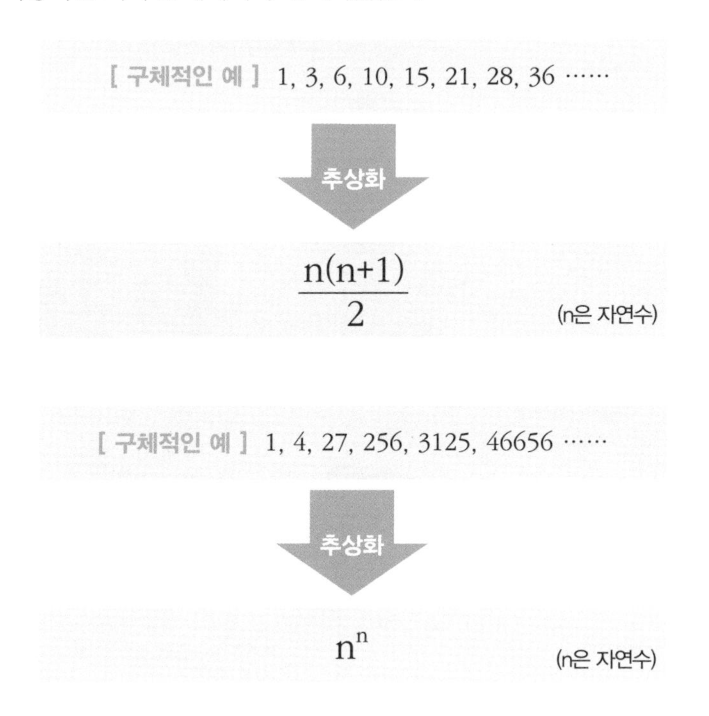

하지만 추상화할 수 없는 수도 있습니다. 1과 자기 자신만을 약수로 가지는 자연수인 소수(素數)는 더는 나눌 수 없는 '수의 원료'로서, 수학적으로 대단히 중요한 수입니다. 그 표현 방식 역시 굉장히 불규칙하여 공통되는 성질을 알 수 없어서 아직도 추상화되지 않은 수이기도 합니다. 현 단계에서는 소수를 문자로 나타내는 것이 불가능합니다.

소수의 출현 방식에 관해서는 19세기 독일의 수학자 베른하르트 리만(Georg Friedrich Bernhard Riemann)이 '리만 가설'을 세웠습니다. 그런데 리만은 가설을 증명하고도 증거를 공개하지 않았으며, 죽을 때 관련 자료를 모두 불태워 버렸습니다. 리만 가설이 올바르다는 것은 아직도(2013년 6월 현재) 증명되지 않았습니다. 그래서 미국의 클레이 수학연구소에서는

영화 〈뷰티풀 마인드〉의 실제 모델이기도 한 수학자 존 내쉬는 2, 3, 5, 7, 11, 13 등 불규칙하게 나열되는 소수도 일정한 패턴이 존재한다는 '리만 가설'을 증명하기 위해 노력했으나 정신분열 증세를 겪었다.

'리만 가설'의 증명에 100만 달러의 현상금을 걸어 놓기까지 했습니다(밀레니엄 현상(懸賞) 문제 중 하나).

영화 〈뷰티풀 마인드〉에서 러셀 크로우(Russell Crowe)가 연기한 존 내쉬는 '게임 이론'으로 노벨상을 수상한 동명의 수학자 존 내쉬(John Forbes Nash Jr)가 모델입니다. 1959년 미국에서는 리만 가설 발표 100주년을 기념한 강연이 열렸습니다. 당시 최고의 수학자로 불리던 존 내쉬는 리만 가설과 관련해 자신이 연구하고 있던 내용을 발표하기로 합니다. 그런데 그는 발표 도중 갑자기 말을 더듬거리더니 급기야 횡설수설하기 시작합니다. 존 내쉬를 30년간 괴롭힐 정신분열증이 발병한 순간입니다.

내쉬가 리만 가설을 풀다 정신분열증을 앓게 됐다는 소문이 퍼지며 리만 가설에는 '수학자의 영혼을 갉아먹는 악마 같은 문제'라는 별명이 생겼습니다. 참 무시무시한 별명이지요. 하지만 지금도 전 세계에는 리만 가설을 증명하기 위해 씨름하는 수학자가 많습니다. 아마도 그들은 수학이라는 학문에 자신의 영혼을 내주어도 전혀 아깝지 않은가 봅니다.

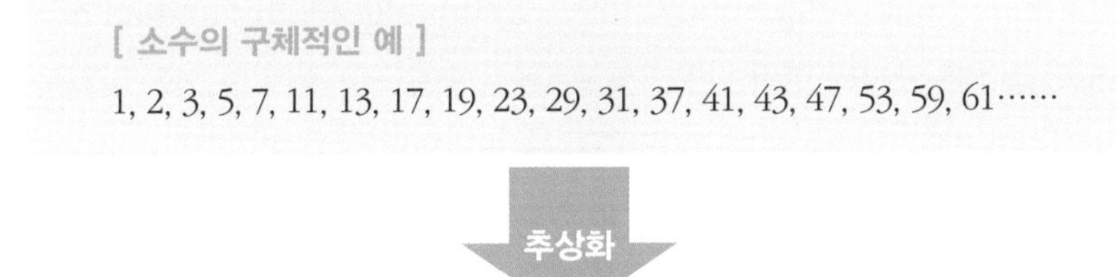

소수는 추상화할 수 없는 수로, 문자로 나타내는 것이 불가능하다.

Lesson

06

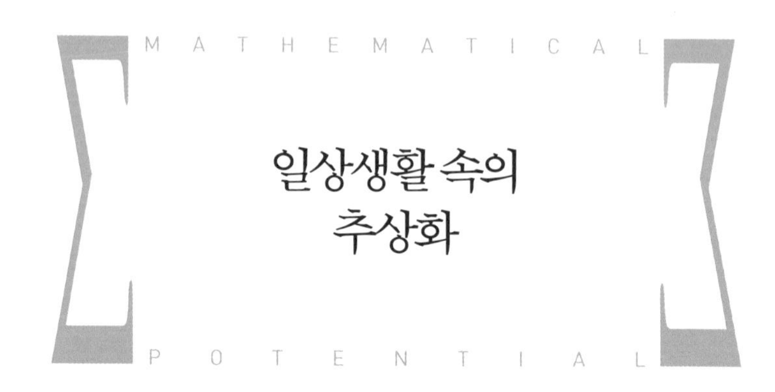

일상생활 속의 추상화

:: 내가 그의 이름을 불러주면 추상화가 시작된다

추상화가 수학의 전매특허는 아닙니다. 우리의 일상 곳곳에도 추상화가 숨어 있습니다. 앞서 수학적 발상법의 하나인 '정리한다'(94쪽 참조)를 살펴볼 때, 정리는 정보를 늘리는 것이 목적이라고 설명했습니다. 사실 분류라는 정리법 자체가 바로 추상화입니다.

예를 들어 말, 비둘기, 돌고래, 까마귀 이 네 종류의 동물은 다음과 같이 분류할 수 있습니다.

- 포유류 : 말, 돌고래
- 조류 : 비둘기, 까마귀

공통되는 특징과 성질을 가지는 동물을 한데 묶어 '말'이라고 부른다. 이때 말의 저마다 다른 개성은 무시된다. 사물에 '말'과 같은 이름을 붙이는 행위도 추상화다.

그러나 말과 돌고래는 생김새가 전혀 다를 뿐 아니라 특히 돌고래는 바다에 살기 때문에 어류 같기도 합니다. 비둘기와 까마귀도 색이 전혀 다르지요. 하지만 그런 차이는 뒤로하고 말과 돌고래는 '젖으로 새끼를 키우고 폐로 호흡한다'라는 공통점이 있으며, 비둘기나 까마귀는 '전신이 깃털로 덮여 있고 날개가 발달했다'라는 공통점이 있습니다. 그것을 간파하여 각각을 '포유류', '조류'로 분류하는 것이 바로 추상화입니다.

또한, 말을 '말'이라는 이름으로 부르는 것 자체도 추상화인 셈입니다. 엄밀히 따지면 각각의 말에도 개성이 있으므로, 복제가 아닌 이상 어떤 말과 모든 면에서 완벽히 똑같은 말이라는 것은 있을 수 없습니다. 하지만 우리는 말들의 개성을 무시하고 공통되는 특징과 성질을 가지는 동물을 한

데 묶어 '말'이라고 부는 것이죠. 이 역시 추상화입니다. 극단적으로 말하면 고유명사 이외에 사물에 이름을 붙이는 행위는 모두 추상화인 셈이죠.

외환위기가 발생하여 IMF(국제금융기구)의 구제 금융을 받았던 시기에 힘들어했던 세대를 'IMF 세대'라고 부르거나, 학교나 학원에 강한 불만을 제기하는 부모를 '몬스터 페어런츠' 등으로 부르는 것 역시 각각의 개인이 가지고 있는 개성을 무시하고 전체에서 공통되는 성질을 파악하려고 했다는 점에서 추상화라고 할 수 있습니다.

전체에서 공통된 성질을 뽑아
이름을 붙이는 것도 추상화다.

네이밍에 의해 대상이 추상화되는 것에서 느끼는 일종의 쾌감은 누구나 한 번쯤 경험해 봤을 것입니다. 그래서인지 매스컴이나 인터넷을 중심으로 매일 새로운 '이름'들이 생겨나고 있습니다.

단, 네이밍에 의한 추상화는 양날의 검임을 잊어서는 안 됩니다. 수학자가 소수를 추상화하는 것을 몇백 년이나 연구해 온 것처럼 각각의 구체적인 예에서 모든 것에 공통되는 본질을 찾아내는 것은 사실상 굉장히 어려운 일입니다. 그런데도 너무 안이한 네이밍으로 인해 사물을 한데 묶어 생각함으로써 오히려 본질이 보이지 않는 경우도 적지 않습니다. 이러한 사이비 추상화에는 속지 않도록 주의합시다.

:: "척 보면 압니다", 추상화 트레이닝

다시 한 번 말하지만, 올바르게 추상화할 수 있는 능력이란 본질을 간파하는 능력입니다. 살아가는 데 있어서 이런 능력이 굉장히 중요하다는 것은 두말할 나위 없겠죠. 그럼, 추상화 능력을 기르려면 어떻게 해야 할까요? 앞서 말한 바와 같이 수학은 추상화 능력을 기르기에 가장 적합한 학문이니까 다시 수학을 배워야 할까요? 수학 교사 입장에서는 "같이 노력해 봅시다"라고 말하고 싶긴 하지만, 사실 추상화 능력은 평소 생활 속에서 쉽게 단련할 수 있습니다.

매일 접하는 복수의 사물에서 공통되는 성질이나 요소를 파악하는 연습을 하면 됩니다. 예를 들어 여러분이 버스와 전철을 갈아타고 회사에 출근한다면 '버스와 전철을 한 번 추상화해 볼까. 둘은 불특정 다수의 사람이 이용하는 교통수단이겠군', 또는 최근 3일의 점심 메뉴가 햄버거, 모밀 국수, 소고기덮밥이었다면 '3일간의 점심을 추상화하면 5,000원 이하로 10분 안에 먹을 수 있는 메뉴겠다'와 같은 식으로 생각할 수 있겠죠.

〈닛케이 트렌디〉(日經トレンディ)라는 잡지에서 매년 실시하는 기획으로 그 해에 가장 인기를 끈 상품을 뽑는 '히트 상품 베스트 30'이라는 것이 있습니다. 2012년에는 다음과 같은 상품이 순위에 올랐었습니다.

[2012년 히트 상품 베스트 30]

1위 | 도쿄 스카이트리

(높이 634m의 됴쿄 스미다구에 설치된 세계에서 가장 높은 전파탑)

2위 | LINE(모바일 메신저)

3위 | 국내선 LCC(저가항공)

4위 | 마루짱 세이멘(생라면같은 식감의 인스턴트 라면)

5위 | 핏 컷 커브(보통 가위보다 1/3 정도만 힘을 줘도 잘 잘리는 가위)

6위 | JINS(컴퓨터의 전자파를 차단해 눈을 보호하는 안경)

7위 | 만져라 탐정 나메코 재배 키트

(버섯을 수확하고 재배하는 스마트폰용 게임 어플)

8위 | 기린 메츠 콜라(마시면 지방 흡수를 억제하는 콜라)

9위 | 마치콘(특정 동네에서 열리는 단체 미팅)

10위 | 흑맥주 계열 음료

(이하 생략)

언뜻 보면 일관성이 없는 것처럼 느껴집니다. 하지만 〈닛케이 트렌디〉는 30위에 오른 상품에 대한 총평으로 "2012년은 '긍정'과 '혁신'이 히트했다"라고 정리했습니다. 반론이 있을 수도 있겠지만, 이 두 개의 키워드가 전체를 관통하는 느낌이 들기도 합니다. 이처럼 개개의 현상 또는 사물에서 트렌드를 읽어내는 것도 고도화된 추상화의 일종입니다.

개개의 현상 또는 사물에서 트렌드를 읽어내는 것도 추상화의 일종이다.

복수의 사물에 공통되는 성질을 찾는 연습을 계속하다 보면 저절로 대상을 분석하는 안목을 기를 수 있습니다. 여러분도 출근길 같은 자투리 시간을 이용해서 한 번 연습해 보기 바랍니다.

Lesson

06

M A T H E M A T I C A L

수학을 만나면 인생도 세상도 심플!

P O T E N T I A L

:: 행운을 측정하는 공식

복수의 사물에서 공통되는 성질을 추출하는 추상화에는 중요한 한 가지가 더 있습니다. 바로 '모델화'입니다. 모델화란 복잡한 현상을 잘라서 단순화하는 것을 말합니다. 예를 들어 '정체학'(停滯學 : 사회에 경제적 손실을 안기는 정체 현상을 연구)으로 유명한 도쿄대학교 교수인 니시나리 가쓰히로(西成活裕)는 저서 『말도 안 되게 재미있는 비즈니스에 도움되는 수학』(とんでもなく面白い仕事に役立つ數學)에서 인생의 운수(運數)를 다음과 같은 수식으로 표현했습니다.

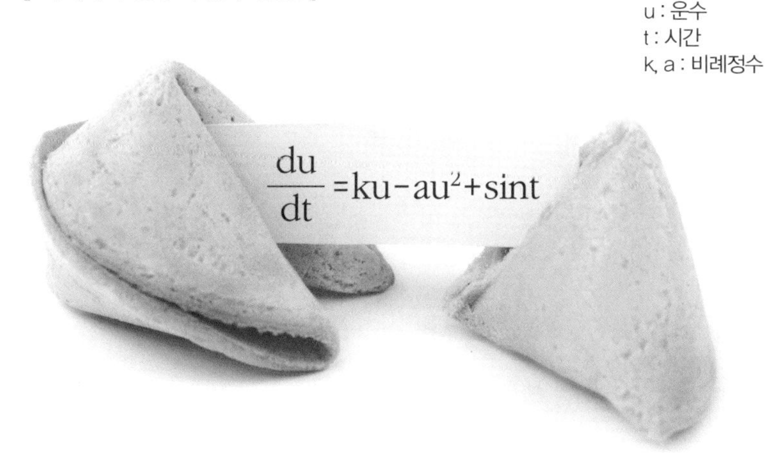

니시나리 교수의 운수 모델은 미분 방정식으로써, u는 운수를 나타냅니다. 좌변의 'du/dt'라는 것은 미분인데 어려운 것은 생각하지 말고, 여기서는 운수가 시간과 함께 어떻게 변화하는지를 나타내고 있다고만 생각해 주십시오.

우변의 ku는 '운수가 좋으면 점점 좋아진다'라는 플러스 요인을 나타냅니다(k는 비례정수). 분명 운수가 좋아지면 눈덩이처럼 점점 불어나지요. 단, 튀는 것을 꺼리는 일본에서는 특히나 성공해서 눈에 띄면 다른 사람의 시기심 때문에 더 피해를 보는 경우가 있습니다. 우변의 2항인 'au'는 그런 마이너스 요인(≒유명세?)을 나타냅니다(a도 비례정수). 또한 인생의 운수는 호황불황을 반복하는 경기(景氣)처럼 한 사람의 힘으로는 어찌할 수 없는 시대의 흐름에도 좌우됩니다. 그것을 마지막의 'sint'로 표현했습니다(sint는 소위 말하는 삼각함수의 '물결'을 나타냅니다).

미분방정식이 무엇을 나타내는 것인지 삼각함수란 무엇인지 등은 여기서 별로 신경을 쓰지 않으셔도 됩니다. 제가 강조하고 싶은 점은 이처럼 인생에 대해서도 표현하기에 따라서는 '모델화'할 수 있다는 점입니다.

:: 합격 가능성을 예측하는 공식

저도 니시나리 교수를 따라서 수험생의 합격 가능성에 관해 평소에 느껴왔던 것을 모델화해 보았습니다.

[나가노의 합격 가능성 모델]

$$G(s, c, w, A) = kscw^2 + A$$

G : 합격 가능성
s : 고독감
c : 위기감
w : 올바른 공부법
A : 원래 가지고 있는 능력
k : 비례정수

수험생의 제1지망 합격 가능 여부는 그 학생이 '아무도 도와주지 않는다'는 고독감(s)과 '이대로는 안 된다'는 위기감(c)과 올바른 공부법(w) 각각을 어느 정도 가지고 있느냐에 따라서 결정됩니다. 그리고 - 여러분이 생각하는 만큼 큰 요소는 아니지만 - 학생이 원래 가지고 있던 능력(A)도 관계가 있습니다. 좌변의 G(s, c, w, A)는 G(합격 가능성)가 s, c, w, A에 의해 결정되는 '함수'라는 의미입니다. 또한 고독감과 위기감, 올바른 공부방법이 세 가지 중에서는 공부방법의 영향이 가장 크긴 하지만, 이 중 하나라도 빠진다면 다른 것들도 쓸모없게 되어 버립니다. 이를 표현하기 위해서 우변의 'kscw'는 w만 2승하고 나머지는 곱셈식으로 표현했습니다. 학생이 가진 원래의 능력은 합격 가능성을 높일 수 있는 요소에 불과하므로 A는 더해주었습니다.

합격 가능성을 이렇게 정리해 보았지만, 아마 많은 분이 '그런 식으로 간단히 표현할 수 있을 리 없어'라고 생각할지도 모릅니다. 물론 맞는 말입니다. 수식 하나로 인생의 운수를 표현할 수는 없겠지요. 니시나리 교수도 이런 점을 잘 알고 있을 것입니다. 저 역시 학생들이 사람인 이상 획일적으로 판단할 수 없다는 것을 항상 통감합니다.

그러나 이들 수식을 통해서 알 수 있는 것도 분명히 있습니다. 어떤 가정하에 대상을 단순화시키려고 하면 당연히 많은 것을 버려야 합니다. 그때 무엇을 버리고 무엇을 남길지를 생각하는 것이 바로 추상화 능력이 발휘되는 지점입니다.

Lesson

06

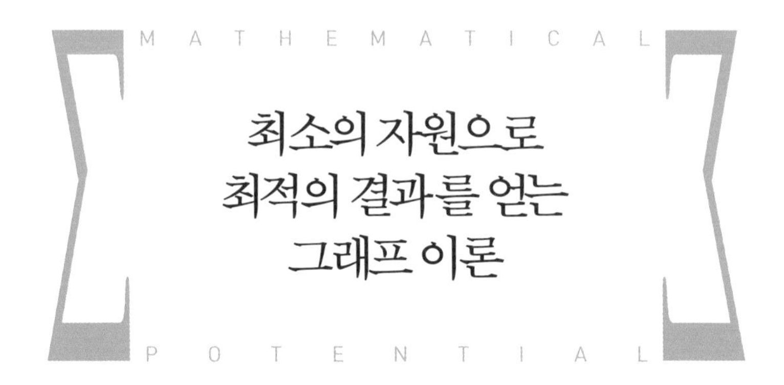

최소의 자원으로 최적의 결과를 얻는 그래프 이론

:: 러시아 작은 도시에 일어난 다리 밟기 붐

점과 점 사이를 연결하는 방법에 대한 수학적 고민의 결과 탄생한 '그래프 이론'(graph theory)이 있습니다. 그래프 이론은 검색 엔진에서 검색된 웹 페이지를 중요도 순으로 제시하는 알고리즘이나, 축구 선수의 패스를 분석할 때도 활용됩니다. 그래프 이론은 대단히 훌륭한 모델화의 예입니다. 여기서 말하는 그래프란 2차 함수 등의 그래프나 꺾은선 그래프 같은 것을 말하는 게 아닙니다. 그래프는 다음 그림처럼 꼭짓점과 두 꼭짓점을 연결한 선으로 이뤄진 그림입니다. 이러한 의미에서 지하철 노선도는 전형적인 그래프인 셈이죠.

[그래프 이론에서 말하는 그래프의 예]

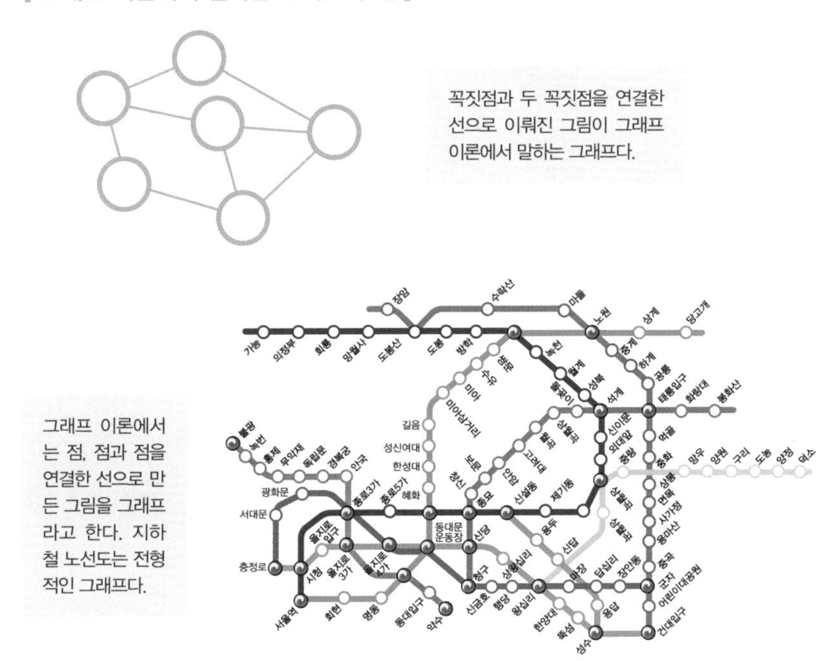

꼭짓점과 두 꼭짓점을 연결한 선으로 이뤄진 그림이 그래프 이론에서 말하는 그래프다.

그래프 이론에서는 점, 점과 점을 연결한 선으로 만든 그림을 그래프라고 한다. 지하철 노선도는 전형적인 그래프다.

그래프 이론의 역사는 1736년 '쾨니히스베르크(현 러시아 연방 칼리닌그라프)의 다리 건너기 문제'에서 시작합니다. 과거 트로이젠 왕국의 수도인 쾨니히스베르크에는 프레겔이라는 큰 강이 흘렀습니다. 쾨니히스베르크는 프레겔 강에 의해 네 개의 지역으로 나누어지고 이 지역을 잇는 일곱 개의 다리가 놓였습니다. 누군가 "같은 다리를 두 번 건너지 않고 모든 다리를 한 번씩만 건너서 제자리로 돌아올 수 있을까?"라고 질문했습니다. 일요일이면 이 도시에는 '다리 밟기'를 하면서 이 문제에 발로 도전하는 사람들이 많았습니다.

오일러는 프레겔 강에 의해 나뉘는 네 개의 땅과 땅을 잇는 일곱 개의 다리를 그래프로 바꾸었다. 여기서 동그라미(○)는 땅, 동그라미를 잇는 선은 다리에 해당한다.

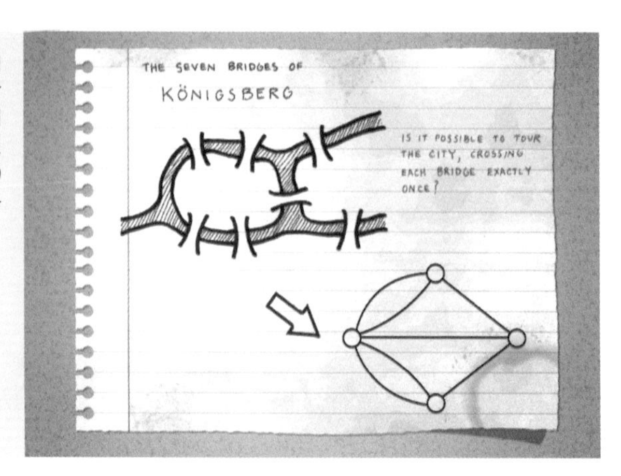

:: 눈먼 오일러, 전설의 난제를 해결하다!

쾨니히스베르크의 다리 건너기 문제를 푼 사람은 스위스의 천재 수학자 레온하르트 오일러(Leonhard Euler)입니다. 오일러는 러시아 상트페테르부르크에서 이 문제를 접했습니다. 당시 오일러는 한쪽 눈이 보이지 않는 상태였지요. 하지만 오일러는 쾨니히스베르크에 가보지 않은 채 이 난제를 풀었습니다. 그는 먼저 이 문제를 풀기 위해 마을과 다리, 그리고 강의 관계를 위 그림처럼 치환하여 생각해 보았습니다.

오일러는 한 번도 종이 위에서 연필을 떼지 않고 같은 선(線)을 두 번 지나지 않으면서 어떤 도형을 완성하는 것으로 이 문제를 추상화한 뒤, "이 도시에 있는 일곱 개 다리를 두 번 지나지 않고 모든 다리를 건너서 원래 위치로 돌아오는 것은 불가능하다"는 결론을 내렸습니다. 오일러는 어떻게 생각한 것일까요?

오일러가 주목한 것은 동그라미(○)를 지나는 선의 개수였습니다. ○에 왔다 갔다 하는 선의 합계가 홀수일 때 그 ○를 홀수점, 짝수일 때는 그 ○를 짝수점이라고 부르겠습니다.

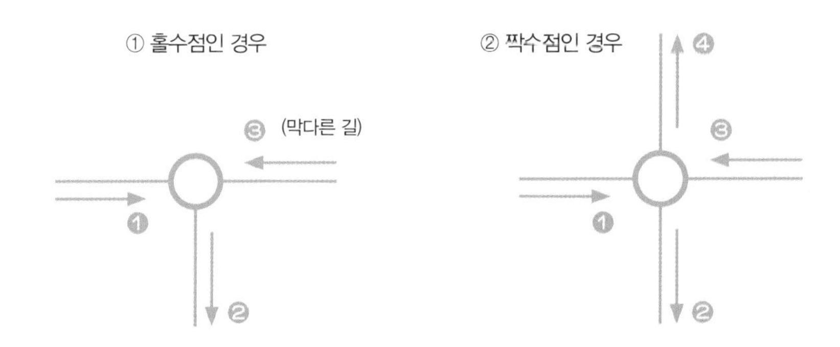

홀수점의 예로 세 개의 선이 들어갔다 나오는 점을 생각해 봅시다. 한붓그리기 도중에 이 홀수점을 통과하면 ○에 들어가는 선과 나오는 선, 두 개를 사용하게 되므로 다음에 이 ○에 들어갈 때는 다시 나오는 선이 남지 않게 됩니다. 즉, 거기서 멈춰야 하므로 종점이 되고 말죠. 물론 선이 다섯 개든 일곱 개든 ○가 홀수점인 이상 들어가고 나간다는 것은 한 쌍으로, 선을 두 개씩 사용하기 때문에 ○를 몇 번을 통과해도 그 시점에서 남은 길은 한 개가 되어 역시 종점이 됩니다.

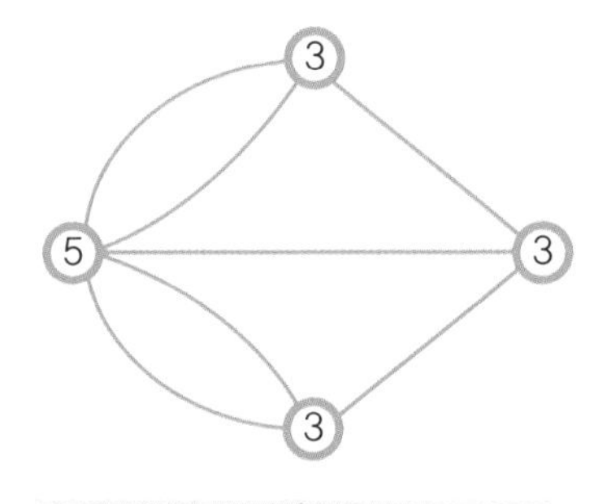

쾨니히스베르크의 다리 건너기 문제에서 ○에 연결된 선의 개수는 모두 홀수(홀수점)다.

반면 짝수점일 경우는 들어오는 길과

쾨니히스베르크의 다리 건너기 문제를 푼 스위스의 수학자이자 과학자 레온하르트 오일러. 태양을 많이 관찰한 오일러는 28세에 오른쪽 눈의 시력을 잃고, 59세에는 백내장으로 두 눈의 시력을 모두 잃었다. 오일러는 두 눈이 보이지 않는 상황에도 하인에게 구술 작업을 시키는 방법으로 수많은 책을 내놓았다. 현대 수학을 논할 때 오일러를 빼놓고서는 논의가 성립하지 않을 정도로 수학사에 끼친 영향이 대단하다. 오늘날 표준으로 사용하는 대부분의 수학 기호나 용어를 처음 만든 것도 오일러다. 삼각함수를 나타내는 sin, cos, tan나 자연로그의 밑을 나타내는 상수 e, 함수를 나타내는 f(x)도 그가 고안한 것이다. 원주율 기호 π(파이)도 오일러가 사용하면서 표준이 되었다.

나가는 길 한 쌍을 반드시 확보할 수 있습니다. 따라서 막다른 길이 되지는 않지요.

이렇게 해서 오일러는 '한붓그리기로 원래 자리로 돌아오는 것이 가능한 그래프의 ○는 모두 짝수점이 되어야 한다'는 것을 알게 되었습니다. 오일러는 쾨니히스베르크 다리 건너기 문제의 그래프가 홀수점뿐이라는 점에서 한붓그리기는 불가능하다는 것을 증명했습니다. 앞의 그림 ○안에 있는 숫자는 그 ○에 연결된 선의 개수를 뜻합니다.

어떠셨나요? 오일러는 토지의 형태나 면적, 다리의 방향이나 길이 등은 모두 무시했습니다. 남겨진 것은 점과 점을 연결하는 것뿐이었죠. 그래도 본질은 훌륭하게 모델화되었습니다. 이것이야말로 '복잡한 현실을 버리고 단순화'하는 모델화의 매력입니다. 그래프 이론은 지하철 노선을 계획할 때, 전기회로망이나 통신망을 설치할 때, 물자를 수송하기 위한 최적의 경로를 찾을 때 등 다양한 분야에 활용되고 있습니다.

Lesson

06

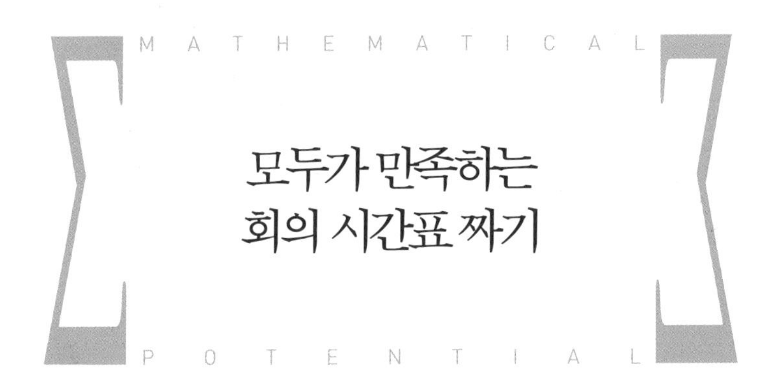

모두가 만족하는 회의 시간표 짜기

:: 어이 김대리! 회의 시간표 좀 짜보게

'평범한 직장인인 내가 그래프 이론을 써먹을 일이 있겠어?' 혹시 이런 생각이 들지는 않으셨나요? 그래프 이론은 활용 범위가 아주 넓습니다. "어이 김대리! 지금 당장 여기 표시한 사람들이 참석해야 할 회의를 하나도 놓치지 않도록 회의 시간표를 짜보게"라며 골치 아픈 일을 맡기고 유유히 사라지는 부장님 앞에서도 유용합니다.

어느 회사에서 여섯 명의 사원(A, B, C, D, E, F)이 하루에 여러 개의 회의에 참석해야 합니다. 회의는 여섯 개가 열리며 각각의 사원은 다음 표에서

그래프 이론은 회의 시간표 짜기처럼 일상적인 업무 관리에도 응용할 수 있다.

○가 표시된 회의에 참석해야 합니다. 회의 시간은 90분으로 모두 같다고 할 때, 가능한 한 빨리 모든 회의를 끝내기 위해서는 어떻게 시간표를 짜야 할까요?

[여섯 명의 사원이 참석해야 할 회의]

	① 영업회의	② 부서회의	③ 기획회의	④ 프로젝트A 회의	⑤ 프로젝트B 회의	⑥ 프로젝트C 회의
A	○	○				
B			○	○		
C		○	○	○		
D	○				○	○
E		○	○			○
F		○			○	○

언뜻 보면 그래프 이론과 전혀 상관없어 보이는 문제입니다. 하지만 이 문제의 본질은 '어떤 회의와 어떤 회의를 같은 시간대에 진행할 수 있는가?'를 생각하는 것입니다. 그리고 그 본질은 다음과 같이 하면 그래프로 모델화하는 것이 가능합니다.

:: 김대리, 그래프 이론으로 회의 시간표를 짜다!

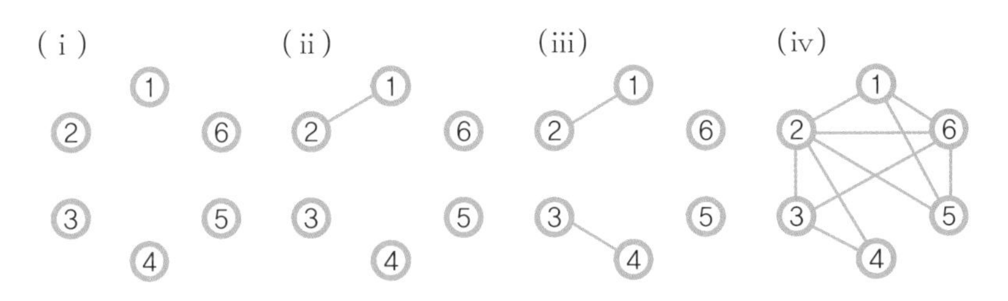

① 영업회의부터 ⑥ 프로젝트C 회의까지 여섯 개의 회의를 둥그렇게 표시합니다(ⅰ). 이 그림에서 같은 시간대에 진행할 수 없는 회의를 선으로 연결해 볼까요. 사원 A는 ① 영업회의와 ② 부서회의에 참석해야 하므로, 회의 ①과 ②는 같은 시간대에 진행할 수 없습니다. 그래서 이 두 개를 선으로 연결합니다(ⅱ). 다음에 사원 B는 ③ 기획회의와 ④ 프로젝트A 회의에 참석해야 하므로 ③과 ④를 선으로 연결합니다(ⅲ). 같은 방법으로 나머지 사원들도 각각 참석해야 하는 회의를 선으로 연결해 보면 (ⅳ)와 같은 그래프가 완성됩니다.

(ⅳ)그래프에서 선으로 연결된 회의는 같은 시간대에 진행할 수 없습니다. 그럼 모두가 만족할 수 있는 회의 시간표를 작성해 봅시다.

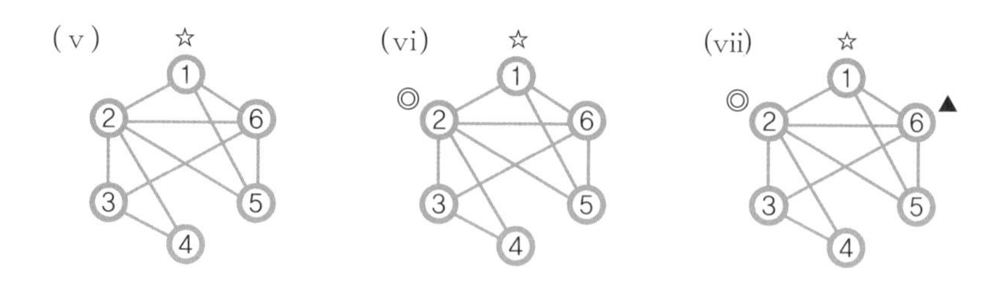

먼저 ①에는 ☆을 표시합니다(v). 이 문제를 쉽게 푸는 비결은 ①에 ☆을 표시한 후, 연결되는 선의 개수가 많은 순서(제약이 많은 순서)를 기준으로 표시해 나가는 것입니다. ②부터 ⑥까지는 ②에 가장 많은 선이 연결되어 있습니다. ②는 ①과 연결되어 있으므로, ①의 표시와 다른 ◎로 표시하겠습니다(vi). 다음으로 연결된 선이 많은 ⑥은 ①, ② 모두에 연결되어 있으므로 ▲으로 표시하겠습니다(vii).

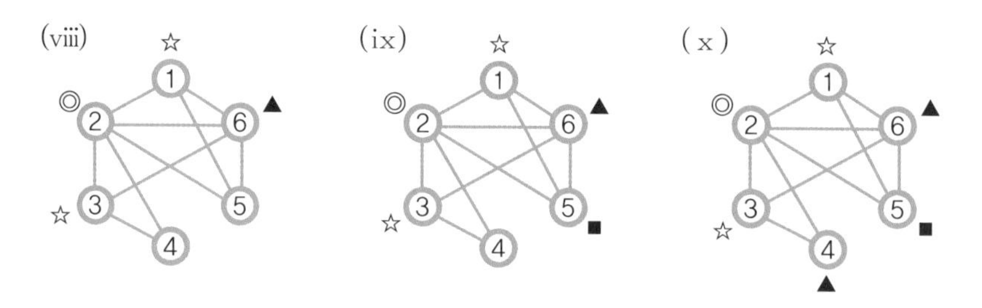

남은 ③, ④, ⑤ 중에서 ③과 ⑤는 선의 개수가 두 개로 같으므로 어느 쪽을 먼저 생각하든 상관없습니다. 먼저 ③을 보면, ③은 ②와 ⑥에는 연결되어 있지만 ①과는 연결되어 있지 않으므로 ①과 같은 ☆을 표시할 수 있습니다(viii). ⑤는 ☆, ◎, ▲에 연결되어 있으므로 다른 표시 ■를 붙이겠습니다(ix). 마지막 ④는 ☆과 ◎에 연결되어 있으므로 ⑥과 같은 ▲을 붙일 수 있습니다(x).

완성된 그래프에서 같은 표시가 있는 회의 끼리는 선으로 연결되어 있지 않으므로, 같은 시간대에 진행할 수 있다는 의미가 됩니다. 이 결과를 통해 다음과 같이 시간표를 짜면 모두가 효율적으로 필요한 회의에 참석할 수 있습니다.

[그래프 이론으로 짠 회의 시간표]

시간		회의	
10:30~12:00	☆	① 영업회의	③ 기획회의
12:00~13:00		점심식사	
13:00~14:30	▲	④ 프로젝트A 회의	⑥ 프로젝트C 회의
14:30~16:00	◎	② 부서회의	
16:00~17:30	■	⑤ 프로젝트B 회의	

회의 시간표 짜기가 그래프 이론으로 해결된다는 것이 참으로 멋집니다. 본질을 간파하는 모델화의 정말 좋은 예라고 할 수 있지요. 이것은 다른 업무 관리에도 충분히 응용할 수 있습니다(이 문제는 아키야마 진(秋山仁)의 저서 『수학 감각을 기르자 : 생활응용편』을 참고했습니다).

모델화는 '공통되는 성질을 추출'하는 추상화에서 한발 더 나아간 기법으로써 일반적으로는 그리 간단하지 않습니다. 그렇지만 복잡한 문제에서 버려도 되는 정보를 찾아내려고 하는 자세는 문제 해결의 실마리를 찾게 해줍니다.

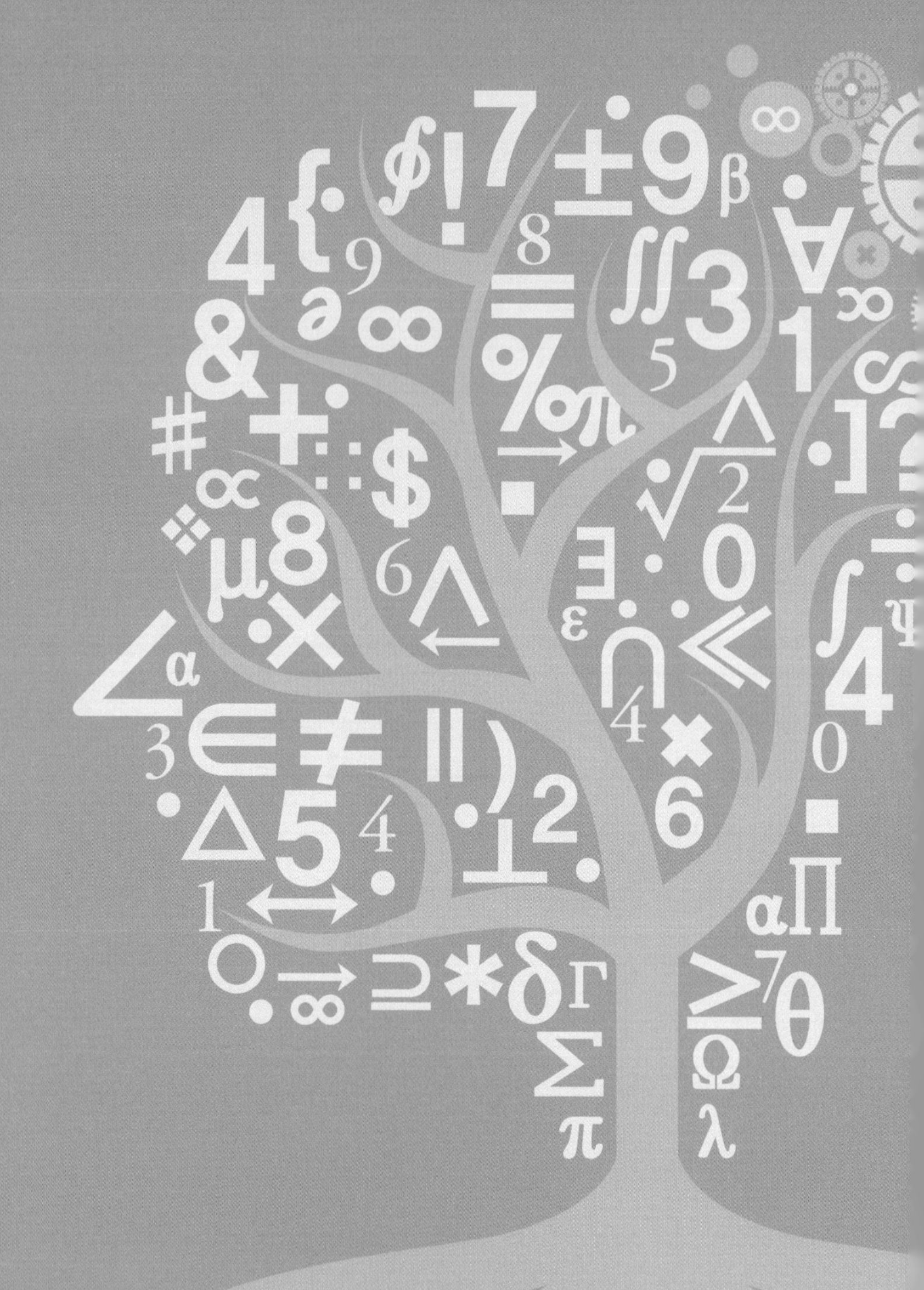

Lesson
07

M A T H E M A T I C A L

수학적 발상법 5
구체화한다

P O T E N T I A L

Lesson

07

M A T H E M A T I C A L

구체화의 지원 아래 설명의 달인이 되다

P O T E N T I A L

:: 듣는 사람이 연상할 수 있는 폭 넓혀주기

산수나 수학 교과서에 실려 있는 정리나 공식은 인류의 예지(叡智)를 엿볼 수 있는 결정체입니다. 그 안에 담긴 진리와 개념은 그에 따를 수밖에 없이 위대하며 그 모든 것은 추상화된 형태로 존재합니다. 여러 가지 사례에 공통되는 법칙이나 문제를 해결할 수 있는 접근 방법이므로 당연하겠지요.

그러나 이처럼 추상화된 것은 폭넓은 일반성을 가지는 대신에 쉽게 연상할 수 없어서 이해하기 힘들다는 난점(難點)이 있습니다. 예를 들어 산수 교과서에는 '속도'(시속)란 '한 시간에 나아간 거리'라고 설명한 후, '「거리÷시간=속도」로 구할 수 있습니다'라고 나와 있습니다. 하지만 이런 설명만으로 '아, 그렇구나!'라고 쉽게 이해하는 초등학생은 거의 없습니다.

그래서 우리 교사들은 "정현이가 두 시간 걸려서 6km를 걸어갔다고 생각해보자. 그럼 한 시간에 몇 km 걸어간 게 될까?"와 같이 질문합니다. 그럼 대부분의 아이는 "3km입니다."라고 대답합니다. 그 후에 교사는 어떻게 3km라고 알 수 있었는지를 생각하게 합니다. 그러면 학생들은 '정현이가 한 시간에 나아간 거리', 즉 '정현이의 속도(시속)'를 구하기 위해서는 '6km÷두 시간'이라는 계산을 하면 된다는 것을 알게 됩니다. "그럼, 지희가 세 시간 동안 12km를 걸어갔다면 지희의 속도는 어떻게 될까?"라고 다시 물어보면 "12km÷세 시간이니까 (시속) 4km입니다!" 라고 대답하겠지요. 이런 식으로 하다 보면 계산식을 추상화해서 '거리÷시간=속도'를 이해시키는 것은 그리 어렵지 않습니다.

저는 수학 교사로서 항상 '어떻게 설명하면 이해하기 쉬울까?'라는 것을 골똘히 생각합니다. 포인트는 듣는 사람이 가진 지식이나 체험에 설명을 연결해서 연상의 폭을 더 넓히는 것입니다. 그럼 먼저 구체화를 통해 설명의 달인이 되기 위한 비결을 소개하겠습니다.

설명의 달인이 되는 비결은 듣는 사람의 지식이나 체험과 설명의 접점을 만들어 듣는 사람이 연상의 폭을 넓힐 수 있도록 돕는 것이다.

:: 구체적인 예를 제시한다

앞서 나온 속도에 대한 설명의 포인트는 두말할 필요 없이 구체적인 예를 제시하는 것입니다. 몇 가지 사례를 통해서 이미지를 키워나간 다음 전체를 추상화하면 추상적인 개념도 확실히 파악할 수 있습니다.

구체적인 예를 제시하는 설명의 좋은 예로 일본의 쇼와(昭和) 시대(1926~1989년)를 대표하는 경영자인 마쓰시다 고노스케(松下幸之助 : '경영의 신'으로 불리는 파나소닉의 창업자로 최종 학력이 초등학교 중퇴)와 혼다 소이치로(本田宗一郞 : 혼다자동차 창업주이자 일본 최고의 모터링 엔지니어)의 명언을 소개합니다.

> "소금의 짠맛과 설탕의 단맛은 학문으로는 알 수 없지만, 맛을 보면 바로 알 수 있다"_ 마쓰시타 고노스케

> "교육이라는 이름 아래 고등학생에게서 오토바이를 빼앗을 것이 아니라, 오토바이 탈 때의 법규나 위험성을 충분히 가르쳐 주는 것이 진정한 학교 교육이 아닐까?" _ 혼다 소이치로

마쓰시타는 탁상공론의 덧없음과 실천의 중요함을, 혼다는 위험을 은폐하기보다는 가르치는 것이야말로 교육이라는 것을 훌륭한 구체적인 예로 제시했습니다.

아인슈타인은 상대성이론에서 시간의 흐름은 일정하지 않으며 상대적이라고 결론지었습니다. 아인슈타인은 "상대성이란 무엇입니까?"라는 질문에 이렇게 답했습니다. "귀여운 여자아이와 한 시간을 함께 있으면 1분

"소금의 짠맛과 설탕의 단맛은 학문으로는 알 수 없지만, 맛을 보면 바로 알 수 있다"

_ 마쓰시타 고노스케

"교육이라는 이름 아래 고등학생에게서 오토바이를 빼앗을 것이 아니라, 오토바이 탈 때의 법규나 위험성을 충분히 가르쳐 주는 것이 진정한 학교 교육이 아닐까?"

_ 혼다 소이치로

밖에 지나지 않은 것 같이 생각됩니다. 반면에 뜨거운 난로 위에 1분만 앉아 있어도 한 시간보다 더 길게 느껴집니다. 그것이 바로 상대성입니다."
물론 매스컴을 의식한 아인슈타인다운 유머가 섞인 말이지만, '관측자가 놓인 환경이 다르면 똑같은 것도 다르게 보인다(느낀다)'라는 '상대성'을 쉽게 연상할 수 있는 구체적인 예를 들고 있습니다.

누군가에게 추상적인 개념을 설명하려고 할 때는 구체적인 예를 덧붙여 쉽게 연상할 수 있도록 한다는 것을 잊어서는 안 됩니다. 제가 '등차수열'(고등학교 수2 단원)을 설명할 때의 수업 내용을 한 번 재현해 보겠습니다. 등차수열을 잘 아는 분이라도 모르는 사람의 기분이 되어 한 번 봐주시기 바랍니다.

:: 내 수업의 목표는 등차수열이 만만해지는 것

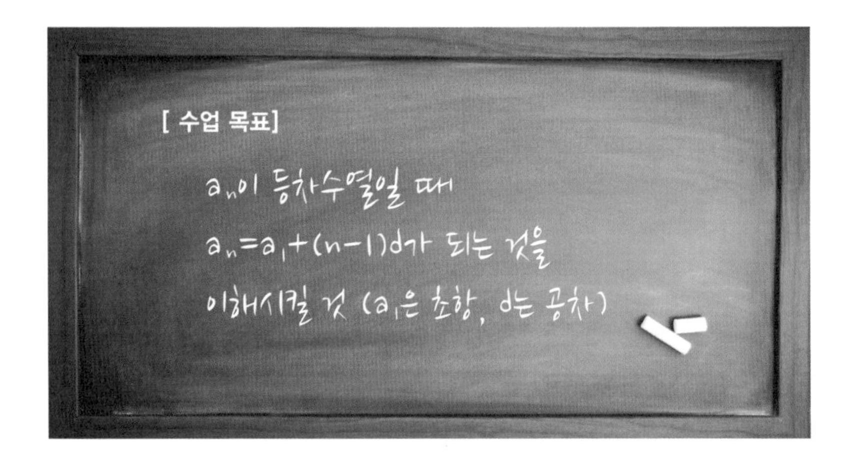

나 : "여기에 a_1부터 a_5까지 다섯 개의 수가 있어. 이 다섯 개의 수는 간격이 모두 똑같아. 이 간격을 d라고 하자(라고 말하면서 아래 그림을 그린다).

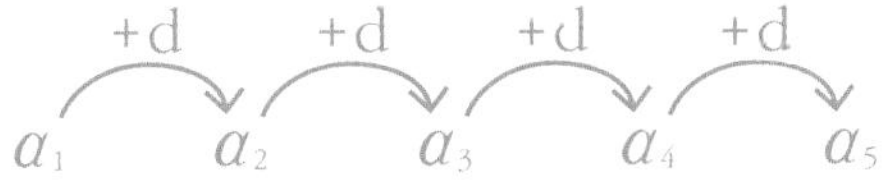

$$a_1 \xrightarrow{+d} a_2 \xrightarrow{+d} a_3 \xrightarrow{+d} a_4 \xrightarrow{+d} a_5$$

나 : "a_5의 값을 알고 싶다면 a_1에 d를 몇 번 더하면 될까?"

학생 : (당연하다는 얼굴로) "4번이요!"

나 : "그렇지, 나무 간격을 구하는 계산식하고 똑같아(라고 말하면서 손을 보자기처럼 펼친다). 다섯 개의 손가락이 있으면 손가락 사이의 골은 네 개가 되지. 식으로 만들면 이거야. $a_5 = a_1 + 4d$

나 : "그럼 a_{10}의 값을 구하려면 a_1에 d를 몇 번 더하면 될까?"

학생 : "음, 아홉 개요?"

나: "그렇지! 맞았어. 그럼 이런 식이 나오지."

$a_{10} = a_1 + 9d$

나 : "그럼 마지막으로 확인 차원에서 한 번 더 물어볼게. a_{100}의 값을 구하려면, d를……."

학생 : (내 말이 채 끝나기도 전에) "99요!"

나 : "그래 이제 확실히 알겠지? 이런 식이 나오는 거야."

$a_{100} = a_1 + 99d$

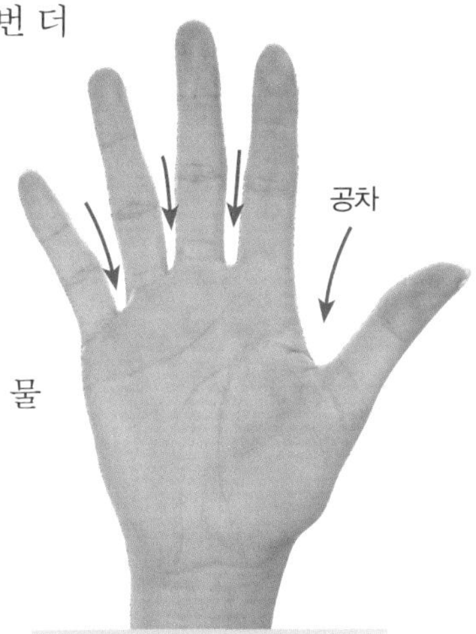

공차

등차수열에서 공차(d)는 다섯 손가락 사이의 네 개의 골에 비유해 설명할 수 있다.

나 : "그럼, a_n의 값을 구하려면 a_1에 d를 몇 개 더하면 되지?"

학생 : "음, n보다 1 작은 거니까 n-1이요?"

나 : "맞아, 바로 그거야! 즉, 이런 식이 되지."

$$a_n = a_1 + (n-1)d$$

학생 : (안심한 얼굴로) "예!"

나 : "이제 잘 알겠지? 어떤 수에 차례로 일정한 수를 더하여 이루어진 수열을 '등차수열', 그 일정한 수(d)를 공차라고 해. 그리고 a_n은 '일반항', a_1은 '초항'이라고 하는 거야.

제 수업을 어떻게 보셨나요? 여러분이 제 수업을 통해 '등차수열 뭐 별거 아니군'이라고 느끼셨다면 저는 성공한 셈입니다. 청자나 독자가 공감할 수 있는 구체적인 예를 차례로 제시하며 추상화된 개념에 한발씩 다가가는 것이 설명의 기술입니다.

Lesson

07

명언에서 배우는 수학

:: 구체적인 예의 진화, 비유

수학 교사로서 제가 가장 크게 영향을 받은 사람은 바로 나가오카 료스케(長岡亮介) 선생님입니다. 나가오카 선생님은 현재 메이지대학교 공학부 수학과의 특임 교수로 계시는데, 제가 고등학생일 때 선생님은 라디오 강좌 및 순다이 입시학원의 인기 강사였습니다. 독특하다는 얘기를 많이 듣는 제 교수법의 뿌리는 바로 고등학교 시절에 너무나도 즐겁게 들었던 나가오카 선생님의 수업입니다. 나가오카 선생님은 수학이란 주어진 것을 외우는 학문이 아닌 자신의 손을 움직여서 자신의 머리로 생각하는 학문이라는 것을 강렬하게 가르쳐 주신 분입니다.

선생님이 최근 출간하신 『도쿄대학교 수학 입시 문제를 즐긴다 : 수학의 클래식 감상』(일본평론사) 머리말에 인상 깊은 내용이 있어 일부 옮겨봅니니다. "이왕 공부할 거라면 '말이 먹이를 먹듯이 오로지 문제를 푼다'는 생각은 안 된다. 일류 요리사가 혹은 어머니가 사랑을 가득 담아 만든 맛있는 요리를 먹고 심신이 성장하는 것처럼, 고품격의 생각할 가치가 있는 훌륭한 문제를 차분히 즐기면서 해결하는 과정을 통해서 젊은이들의 지적 능력은 믿을 수 없을 만큼 크게 성장한다. 이를 통해 엘리트가 가질만한 자부심과 책임, 그리고 슬픔을 이해할 수 있는 사람이 된다."

이 말은 입시학원 강사 시절에 나가오타 선생님이 항상 했던 말이라고 합니다. 저 역시 이 말을 들은 기억이 있습니다. 당시에도 가슴을 뜨겁게 하는 말이었지요.

요즘 학생들은 문제를 빨리 푸는 것만이 중요한 것처럼 배워왔기 때문에 문제를 차분히 생각할 기회를 잃어 버렸습니다. 새로운 문제, 전혀 본 적 없는 풀이 방법의 문제를 보면 '이해할 수 없다'가 아니라 '모른다'고 말하는 학생들이 정말 많습니다. 교육자의 한 사람으로서 저도 이 점에는 굉장한 위기감을 느낍니다.

또 이야기가 옆으로 흘러 버렸네요. 여기서 제가 강조하고 싶은 점은 나가오카 선생님의 말씀 중에 나온 '비유의 교묘함'입니다. 수학 문제를 요리에 비유함으로써 어디선가 본 것 같은 문제를 그냥 반복 연습하는 공부가 얼마나 무의미한지를, 그리고 좋은 문제를 차분히 생각하는 것의 중요성을 멋지게 표현하고 있습니다. 비유도 구체적인 예의 하나이기는 하지만 훌륭한 비유는 더 강렬한 인상을 남기고, 단순한 구체적인 예보다도 훨씬 풍부한 이미지로 연결됩니다. 그러한 의미에서 비유는 구체적인 예의 진화형인 셈입니다.

:: 명언에서 배우는 훌륭한 비유

앞서 소개한 마쓰시타 고노스케와 혼다 소이치로, 그리고 아인슈타인의 말도 '명언'입니다. 사람들 입에 많이 오르내리는 명언은 대부분 구체적인 예보다도 한발 더 나아간 깜짝 놀랄만한 비유가 들어있습니다. 지금 당장 생각나는 것 몇 가지만 예로 들어 보겠습니다.

"물이 한 방울씩이라도 떨어진다면 물병도 채울 수 있다." _석가모니

"좁은 문으로 들어가라. 멸망으로 인도하는 문은 크고 그 길이 넓어 그리로 들어가는 자가 많다." _「마태복음」

"눈물 젖은 빵을 먹어 보지 않은 사람은 인생의 참맛을 모른다." _괴테(Johann Wolfgang von Goethe)

"인간은 갈대, 세상에서 가장 연약한 존재이다. 하지만 인간은 생각하는 갈대이다." _파스칼(Blaise Pascal)

"전통이란 불을 지키는 것이지 재를 숭배하는 것이 아니다." _구스타프 말러(Gustav Mahler)

"햇빛을 빌려서 비추는 커다란 달보다는 스스로 빛을 내는 작은 등불이 되어라." _ 모리 오가이(森鷗外)

"인생은 하나의 성냥과 같다. 귀중하게 다루기에는 시시하다. 그렇다고 함부로 다루면 위험하다." _ 아쿠타가와 류노스케(芥川龍之介)

너무 많아서 일일이 다 적기도 힘들 정도입니다. 이 명언들은 깊이 생각할 필요도 없이 '맞는 말이네!'라고 무릎을 탁 칠 만큼 훌륭한 비유가 사용되었습니다.

유난히 이해하기 힘든 설명을 할 때는 구체적인 예에서 한발 더 나아가 다른 이야기에 비유할 수 없는지를 생각해 보기 바랍니다. 훌륭한 비유를 들어 설명할 수 있다면 듣는 사람은 고개를 끄덕이며 쉽게 이해할 수 있을 것입니다.

:: 훌륭한 비유 찾기

석가모니의 명언 "물이 한 방울씩이라도 떨어진다면 물병도 채울 수 있다"는 표현을 예로 훌륭한 비유를 찾는 방법을 알아보겠습니다. 먼저 우리 앞에 놓인 것은 구체적인 예입니다.

[구체적인 예]

■ 어린 시절 잘하지 못했던 물구나무서기를 매일 연습했더니 잘할 수

있게 되었다.

- 매일 100원씩 저금했더니 10년 후에 가족과 함께 하와이 여행을 갈 수 있었다.
- 자이언츠, 양키스 등에서 활약한 마츠이 히데키(松井秀喜) 선수는 매 경기 후 나가시마 감독(당시)과 1대 1로 스윙 연습을 반복하여 그 시대를 대표하는 타자가 되었다.

몇 가지 구체적인 예가 모이면 그들 사이에 공통되는 것을 추출하여 추상화합니다. 앞서 소개한 세 가지 구체적인 예를 공통적으로 관통하는 메시지는 '사소한 일도 꾸준히 지속하면 머지않아 큰 성과가 돌아온다'라고 할 수 있습니다. 속담을 빌리자면 "지속은 힘이다."(Continuity is power)도 좋겠지요. 그런데 두 가지 모두 너무 당연하고 평범한 말이라서 뭔가 더 좋은 비유가 없는지 찾아보고 싶습니다.

더 좋은 비유는 비슷하게 추상화되는 다른 구체적인 예에서 찾아봅시다. 앞의 구체적인 예는 모두 인간의 행동에 관한 것이므로 이번에는 인간의 행동과는 동떨어진 것에서 찾아보는 편이 더 인상적인 표현이 될 것입니다. 즉, '가까운 구체적인 예 → 추상화된 개념 → 동떨어진 구체적인 예(비유)'와 같은 프로세스를 거쳐 훌륭한 비유를 찾는 것입니다. 이렇게 하면 석가모니처럼 물병에 물방울이 한 방울씩 모이는 모습을 비유로 떠올리는 것도 가능합니다. 혹은 미량의 석회입자가 포함된 낙수가 수만 년에 걸쳐 한 방울씩 떨어져 거대한 석회동굴이 형성되는 모습에 비유하는 것도 좋겠지요. 이 두 가지 경우처럼 인간의 행동이 아닌 것에 비유해서 표현

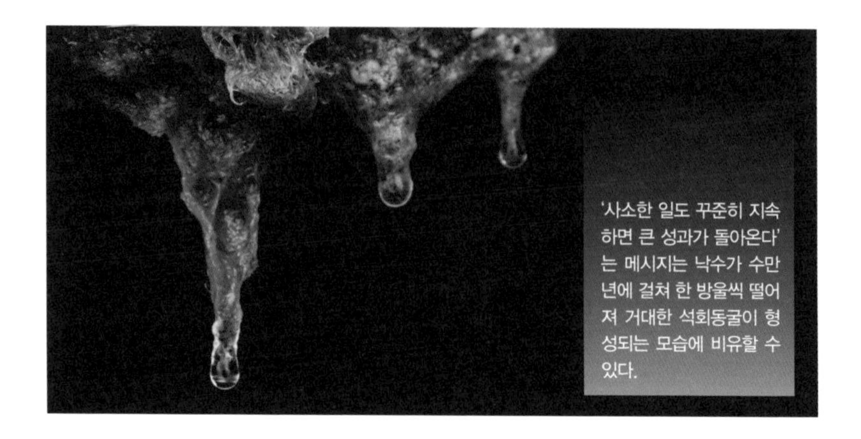
'사소한 일도 꾸준히 지속하면 큰 성과가 돌아온다'는 메시지는 낙수가 수만 년에 걸쳐 한 방울씩 떨어져 거대한 석회동굴이 형성되는 모습에 비유할 수 있다.

하면 듣는 사람은 '작은 일도 꾸준히 계속하면 큰 성과를 거둘 수 있다는 명제가 인간의 행동에만 해당하는 것이 아니라 자연의 섭리일 수도 있겠군. 좋아, 오늘도 열심히 하자!'와 같이 이해할 것입니다.

최근 SNS 등에는 각종 명언이 난무합니다. 그래서 '명언'이라고 하면 오히려 지겹다고 생각할지도 모르겠지만, 저는 '명언'이 아주 좋습니다. 거기에는 설명의 달인이 되기 위한 힌트가 담겨 있기 때문입니다.

[훌륭한 비유를 발견하는 방법]

가까운 구체적인 예		추상화된 개념		동떨어진 구체적인 예(비유)
• 매일 물구나무서기 • 매일 100원씩 저축 • 매경기 후 마츠이 선수의 스윙 연습	➡	• 꾸준히 계속하면 큰 성과가 돌아온다.	➡	• 물방울이 한 방울씩 모이는 물병 • 수만 년에 걸쳐 형성된 석회동굴

Lesson

07

M A T H E M A T I C A L

논리를 단단하게 만드는 구체와 추상의 왈츠

P O T E N T I A L

:: 너무 구체적이거나 혹은 너무 추상적이거나

세상에는 설명을 잘하는 사람과 그렇지 못한 사람이 있습니다. 제가 본 바로는 설명을 잘 못하는 사람은 아래의 둘 중 하나에 해당합니다.

- 구체적으로만 말한다.
- 추상적으로만 말한다.

예를 들어 지휘자에 대해서 아무것도 모르는 사람에게 설명하는 경우를 생각해 봅시다. 구체적으로만 말하는 사람은 이렇게 설명합니다.

"지휘라는 것은 모차르트나 베토벤도 했었어. 옛날에는 작곡가가 지휘자를 겸하는 것이 일반적이었지. 작곡가를 겸하지 않은 최초의 직업 지휘자는 한스 폰 뷰로(Hans Guido Freiherr von Bülow)라고 알려졌어.

카라얀(Herbert von Karajan)이나 번스타인(Leonard Bernstein)이라는 이름은 들어 본 적 있겠지? 그들은 20세기 후반에 활약했던 지휘자야. 그러고 보니 카라얀이 일본에 왔을 때 베를린 필하모니를 지휘했던 게 떠오르네. 그날 연주한 베토벤 교향곡은 정말 대단했지. 다른 지휘자들과는 완전히 달랐어.

일본에서는 지휘자로 오자와 세이지가 유명하지. 그는 카라얀의 제자이기도 해. 그러고 보니 드라마 〈노다메 칸타빌레〉의 치아키라는 캐릭터도 지휘자였지. 지휘자도 꽤 인기 있단 말이야."

설명은 구체적이지만, 이 설명만으로는 지휘자가 무엇을 하는 사람인지 파악하기 어렵습니다. 그렇다고 해서 추상적인 설명으로만 지휘자를 설명한다면 어떻게 될까요?

"지휘자는 주로 손과 팔의 몸짓만으로 합주 음악을 총괄하는 사람이야."

이 설명 역시 앞서 구체적인 예를 두서없이 나열하는 데 급급했던 설명과 마찬가지로 지휘자에 대한 이미지가 잘 떠오르지 않습니다. 지휘자에 대해서 제대로 이해하기 위해서는 아무래도 다음과 같은 설명이 필요할 것 같습니다.

:: 어려운 개념을 명징하게 만드는 구체와 추상의 핑퐁 게임

"지휘자라고 하면 검은 연미복에 은발을 나부끼며 눈을 지그시 감고 춤추

카라얀은 많은 사람이 지휘자를 떠올릴 때 가장 먼저 머릿속에 그리는 이미지로, 지휘자의 개념을 설명할 때 구체적인 예로 들기 적합하다.

늦 손과 팔을 움직이는 베를린 필하모니의 종신 지휘자 카라얀의 모습을 떠올릴 수 있을 거야.

지휘자는 주로 오케스트라나 브라스 밴드, 합창단 앞에 서서 연주를 총괄하는 사람을 말해. 공연 전에 연습을 조화롭게 끝마칠 수 있도록 돕는 역할도 하지. 실제로도 이 역할을 제일 중요하게 생각하는 사람도 있다고 해.

아마추어 오케스트라에서는 합주를 맞추기 위해서 메트로놈 대신에 지휘자가 필요한 경우도 있데. 하지만 프로 오케스트라의 경우에는 음악을 맞추는 것보다는 구성원 전원에게 음악이 나아갈 길, 즉 영감을 불어넣는 역할이 더 중요해. 예를 들어 유명한 베토벤의 교향곡 〈운명〉의 앞부분 있잖아. "빰빰빰빠암~" 그 부분을 연주할 때 어떤 템포로 할지, 어떤 음을 제일 강하게 할지, 음의 마지막 부분은 얼마나 길게 늘일지, 음색을 어떻게 할 것인지 등 뉘앙스에 대해서 다양한 해석이 있을 수 있잖아. 지휘자에게 있어서 가장 중요한 역할은 작곡가가 악보에 다 적지 못한 세세한 뉘앙스를 하나하나 결정하는 것이라고 할 수 있어.

지휘자는 본인은 소리를 내지 못한다는 의미에서 경마 시합의 기수와도 닮았어. 경기에서 장애물을 뛰어넘는 것은 기수가 아닌 말이지. 그러니까 기수는 말이 장애물 앞까지 오면 편하게 점프할 수 있게 해 줘야 해. 지휘자 역시 마찬가지야. 오케스트라가 편하게 연주할 수 있는 환경을 마련해 주는 것이 중요해."

지휘자를 설명하면서 구체적인 예를 들거나 추상화하거나, 또는 비유하는 등 추상과 구체 사이를 왕복하고 있다는 것을 느끼셨나요? 이처럼 구체와 추상을 왕복하면서 설명하면 듣는 사람도 훨씬 쉽게 이해할 수 있습니다.

저는 이 책에서 일곱 가지 수학적 발상법을 소개하고 있습니다. 정리한다, 순서를 지킨다, 변환한다, 추상화한다, 구체화한다, 반대 시점을 가진다, 미적 감각을 기른다. 이는 제가 지금까지 많은 수학 문제를 풀고 가르쳤던 경험을 통해 얻은 문제 해결 방법을 추상화한 것입니다. 특히 이 책에서는 수학 이외의 사례를 이용하여 설명하려고 많이 애쓰고 있습니다. 말하자면 수학의 구체적인 예에서 문제 해결을 위한 개념을 추상화하고, 수학 이외의 사례에 비유한 것이지요. 이 책에서 전하고자 했던 많은 내용의 설명 방식이 바로 구체와 추상의 왕복입니다.

지금까지는 '설명의 달인'이 되는 방법에 대해 알아보았습니다. 다음에는 연역법과 귀납법, 이 두 가지의 사고방식을 바탕으로 논리적으로 추론하는 방법에 대해 설명하겠습니다.

자신이 해석한 방향대로 오케스트라가 연주하게 함으로써 음악을 만들어 낸다는 측면에서 지휘자는 경마 시합의 기수와 닮았다. 지휘자와 기수의 역할은 자신을 대신하는 대상이 편안하게 역량을 발휘할 수 있는 환경을 만들어주는 것이다.

Lesson

07

M A T H E M A T I C A L

세상의 진리를 꿰뚫는 두 철학자의 선물

P O T E N T I A L

:: 소크라테스와 아리스토텔레스에게 배우는 설득의 논리학

고대 그리스의 철학자 소크라테스(Socrates)와 아리스토텔레스(Aristoteles)는 우리에게 사유하는 두 가지 방법을 선물했습니다. 그 하나가 소크라테스로부터 출발한 귀납법이고, 다른 하나가 아리스토텔레스의 삼단논법으로 대표되는 연역법입니다.

연역법과 귀납법은 모두 논리적으로 이미 알고 있는 사항에서 미지의 사항이 올바르다는 것을 이끌어내기 위한 추론 방법이라는 점에서 비슷합니다. 하지만 연역법과 귀납법의 접근 방법은 정반대입니다.

먼저 연역법은 '전체에 성립하는 이론(가정)을 부분에 적용하는 것'입니

"모든 사람은 죽는다. / 소크라테스는 사람이다. / 그러므로 소크라테스도 죽는다." 우리가 공식처럼 외우고 있는 연역법의 대표적인 예다. 그리스의 철학자 소크라테스로부터 귀납법이 시작되었지만, 아이러니하게도 그는 연역법을 설명하는 단골 소재가 되었다. 그림은 신고전주의를 대표하는 프랑스 화가 자크 루이 다비드(Jacques Louis David)가 그린 〈소크라테스의 죽음〉. 침대에 앉아 한쪽 팔을 들고 있는 남자가 소크라테스다.

다. 눈앞에 아름다운 벚꽃이 흐드러지게 피어 있는 모습을 보고 "모든 벚꽃은 시든다. 그러므로 이 벚꽃도 언젠가는 시들 것이다"고 추론하는 것이 연역적인 사고방식입니다. 반면 귀납법은 '부분에 적용되는 것을 가지고 와서 전체에 통하는 이론을 이끌어내는 것'입니다. 벚꽃을 다시 예로 들면 "작년에도 재작년에도 그 전년에도 벚꽃은 시들었다. 그러므로 벚꽃은 반드시 시든다"와 같이 추론하는 것이 바로 귀납적 사고방식입니다.

어떤가요? 아마도 평소에 연역이나 귀납이라는 개념을 의식하며 말하지는 않았겠지만, 두 가지 추론 방법 모두 일상생활에서 여러분이 아무렇지 않게 사용했던 방식일 것입니다. 다른 예를 좀 더 들어 볼까요. 학교 다닐 때 항상 어려운 시험 문제를 내는 선생님이 꼭 한 분씩은 계셨을 겁니다. A선생님이 그런 선생님이라고 가정해 봅시다. '아, 내일은 A선생님 시험이네. 또 어렵겠지'라고 생각하는 것은 연역적입니다. 여기서 'A선생님의 시험은 언제나 어렵다'라는 것은 A선생님의 모든 시험에 공통되는 성질이 추상화된 것입니다. 그에 비해 '내일 시험이 어렵다'는 것은 구체적인 예이죠. 이처럼 연역법이라는 것은 추상화된 사항을 구체적인 예에 적용하는 것을 말합니다.

반면에 '1학기, 2학기, 3학기 때도 A선생님의 시험은 어려웠었지. A선생님은 시험 문제를 어렵게 내는 분이시군. 후배들한테도 알려줘야지.'라고 생각하는 것은 귀납적입니다. 여기서 '1학기, 2학기, 3학기 때도 어려웠다'는 것은 각각 구체적인 예입니다. 그에 비해 'A선생님의 시험은 어렵다'는 것은 A선생님의 시험에서 공통되는 성질을 추출한 것이므로 추상화입니

[연역과 귀납 추론법]

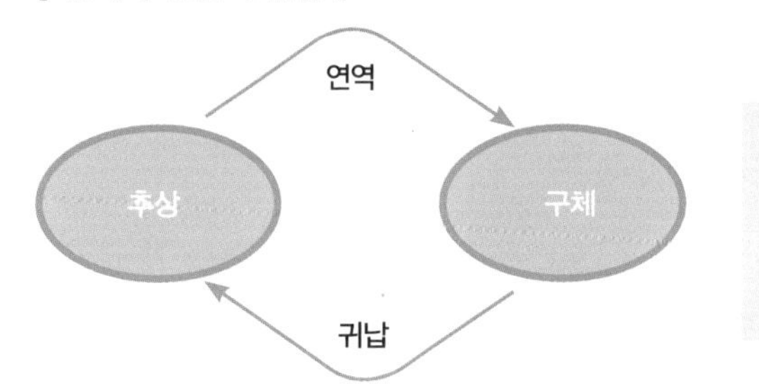

연역법은 추상화된 사항을 구체적인 예에 적용하는 것, 귀납법은 구체적인 예에서 각각 공통되는 성질을 추출해서 추상화하는 것이다.

다. 즉, 귀납법이란 구체적인 예에서 각각 공통되는 성질을 추출해서 추상화하는 것입니다. 이상을 정리하면 위와 같이 도식화할 수 있습니다.

:: 소크라테스도 아리스토텔레스도 막지 못한 연역법과 귀납법의 구멍

연역법과 귀납법 모두 폭넓게 또는 거의 무의식중에 사용하고 있는 추론 방법입니다. 그런데 이 두 가지 추론 방법 모두 결점이 있다는 것을 알아둬야 합니다.

먼저 연역법에는 근본적인 이론(가정)이 잘못되었거나 어느 한정된 범위에서만 사용할 수 있는 이론(가정)을 부적절한 사례에 응용할 위험성이 있습니다. 예를 들어 '정신장애자는 사건의 가해자가 되기 쉽다'라는 명제는 잘못된 이론(가정)입니다. 실제로 경찰청의 통계를 보면 2000년에 교통사고를 제외한 형법 범죄 검거자 약 31만 명 중, 정신장애자(경찰 판단, 정신장애 의심자도 포함)는 2,071명으로, 비율로 계산하면 0.67%였습니다. 이는 15세 이상의 인구에서 정신장애자가 차지하는 비율(1.84%)을 크게 밑도는

끔찍한 범죄가 발생했을 때 많은 사람이 정신이상자의 소행일 것으로 추측한다. 이러한 선입관에 근거한 추론은 미디어를 통해 확대되고 공고해진다.
사진은 영화 〈양들의 침묵〉에서 설명 불가능한 광기에 휩싸여 인육을 먹고 살인을 하는 한니발 렉터 박사(앤서니 홉킨스 분).

결과였습니다. 또한, 살인 미수라는 중죄를 범한 범죄자 중에서 정신장애자는 132명으로 전체의 0.006%에 불과했습니다(출처 :「정신장애자에 대한 편견과 미디어의 역할)」.

그럼에도 불구하고 정신장애자에 대한 편견이나 선입관에 근거한 이론(가정)을 연역법에 이용하여 '지난번 묻지 마 살인 사건의 범인은 분명 정신장애자일 거야!'라고 생각하는 것은 잘못된 추론입니다.

한편 귀납법의 결점은 모든 사례를 검증하거나 그와 동등한 논리적 증명을 하지 않는 한, 얻어진 추상적인 결론이 반드시 확실한 진리는 아니라는 점입니다. 또한 귀납법은 아직 발견되지 않은 변수에는 '참'을 보장하지 못합니다. 귀납법이 미래를 보장하려면 '미래가 과거와 똑같다'는 전제가 필요하지만, 사실상 이런 전제는 거의 불가능하기 때문입니다. 귀납적인 접근 방법에 의해 얻어진 추상적인 개념에는 '그렇게 될 가능성이 높다'는 확률적인 요소를 내포하고 있다는 것을 잊어서는 안 됩니다.

2013년 6월, 최근 생성되고 있는 행성이 지금까지의 행성 형성 이론으로 설명할 수 없다고 해 화제가 된 적이 있습니다. 오늘날의 행성 형성 이론은 태양계와 다른 행성계를 관측해서 귀납적으로 도출한 것입니다. 그런데 허블 우주 망원경으로 관측한 어떤 항성(바다뱀자리 TW성)에서 발견된 행성 형성 징후가, 중심에 있는 TW성의 질량이나 나이를 생각하면 종래의 이론과 맞지 않다는 것이었습니다. 만일 이것이 사실이라면 행성 형성 이론은 다시 고쳐 써야 합니다. 단, 귀납적으로 이끌어낸 이론(결론)이 그에 부합되지 않는 구체적인 사례에 의해 고쳐지는 것은 자연과학 역사에서는 흔히 있는 일이라고 합니다. 인류는 이런 식으로 진리에 가까워지고 있다고 말할 수 있습니다.

이처럼 연역법과 귀납법은 모두 지식에 이르는 중요한 추론 방법이지만, 각각의 결점을 제대로 이해하고 있지 않으면 잘못된 결론을 도출할 수 있으므로 주의가 필요합니다.

$x^2+5x+3=0$이라는 2차 방정식이 있습니다.

이것을 $ax^2+bx+c=0$ 일때 $x=\frac{-b\pm\sqrt{b^2-4ac}}{2a}$

라는 '2차 방정식의 근의 공식'에 적용하여

$x=\frac{-5\pm\sqrt{5^2-4\times1\times3}}{2\times1}=\frac{-5\pm\sqrt{13}}{2}$ 이라고 풀이하는 것은 일반적으로 성립하는 공식을 개별적인 예에 적용하여 푸는 것이므로 연역적입니다.

반면에 처음의 2차 방정식 $x^2+5x+3=0$을

$$x^2+5x+3=0 \Leftrightarrow (x+\frac{5}{2})^2-\frac{25}{4}+3=0$$

$$\Leftrightarrow (x+\frac{5}{2})^2=\frac{13}{4}$$

$$\Leftrightarrow x+\frac{5}{2}=\pm\sqrt{\frac{13}{4}}$$

$$\Leftrightarrow x=\frac{-5\pm\sqrt{13}}{2}$$ 과 같은 풀이를 통해서

이것을 $ax^2+bx+c=0$ 일때 $x=\frac{-b\pm\sqrt{b^2-4ac}}{2a}$

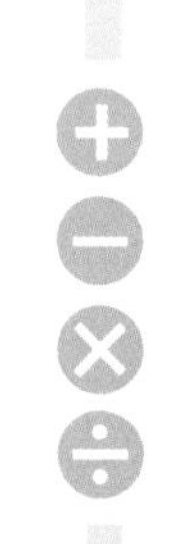

라는 근의 공식을 도출하는 것은 개별적인 예에서 일반적으로 성립하는 공식을 도출했으므로 귀납적입니다.

Lesson

07

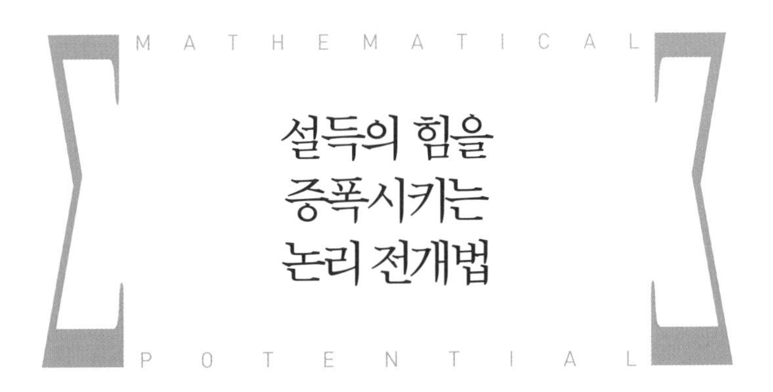

:: 연역법과 귀납법, 어떤 도구를 쓸 것인가

연역법과 귀납법이 잘 이해되셨나요? 연역법은 사유와 지식의 근원을 '이성'으로 보고, 이미 확인된 어떤 자명한 원리로부터 개개 사물의 이치를 논리적인 추론을 통해 알아내는 방법입니다. 반면 귀납법은 사유와 지식의 근원을 '경험'으로 보고, 경험적 관찰과 실험을 통해 여러 가지 사례의 공통점을 추출함으로써 이를 관통하는 일반적인 원리를 발견하는 방법입니다.

소크라테스와 아리스토텔레스로부터 시작된 두 가지 논리 추론 방법은 유럽 근대 철학의 근간을 확립한 두 명의 철학자에게 계승됩니다. 바로 르네 데카르트(Rene Descartes)와 프랜시스 베이컨(Francis Bacon)에게 말이죠.

데카르트는 철학자이면서 동시에 수학, 물리학, 의학에서 기념비적인 업적을 남긴 인물이다. 데카르트는 최초로 '음수'의 개념을 사용했으며, X축과 Y축으로 구성된 좌표 시스템을 구상했다.
그림은 피에르 루이 뒤메닐이 그린 〈크리스티나 여왕과 대신들〉. 그림 속 인물 중 탁자에 놓인 종이를 가리키며 여왕에게 설명하고 있는 남자(오른쪽)가 데카르트다.

데카르트는 아리스토텔레스의 연역법을 관념론으로 발전시킵니다. "나는 생각한다. 고로 나는 존재한다." 데카르트의 『성찰』에 나오는 이 구절은 관념론을 설명하는 가장 대표적인 명제이지요. 소크라테스의 귀납법을 발전시킨 철학자는 베이컨입니다. 그는 실험과 관찰에서 얻은 사실로부터 보편적인 원리를 찾아내려 했습니다.

그럼 이 두 가지의 추론 방법을 어떻게 구분해서 사용하면 좋을지 다음의 예를 통해 알아봅시다. 어떤 문구 회사가 신제품 개발을 준비하고 있습니다. 일반적으로 다음과 같은 단계를 거칠 것입니다.

[신제품 개발 단계]

1 단계 | 조사

잘 팔리는 상품을 조사하여 타깃 고객층에 대한 설문조사 등을 합니다. 어떠한 상품을 조사하고 어떤 항목으로 설문지를 만들지 구체적으로 결정해 나가는 것은 연역적입니다. 그다음에 구체적인 데이터가 나오면 히트 상품에 공통되는 디자인, 성능, 가격 등에 대해 통계 등을 이용하여 추상화합니다. 여기서는 귀납적인 방법이 필요합니다.

2 단계 | 기획

조사 결과를 바탕으로 다시 신제품 아이디어를 궁리합니다. 조사 단계에서 히트할 것 같은 상품의 조건은 이미 추상화되었으므로, 이번에는 그에 부합하는 구체적인 신제품을 생각해 봅니다. 이번에는 추상화된 조건을 구체화해 신제품을 구상하는 것이므로 연역적인 방법입니다.

3 단계 | 설계

기존의 기술과 신기술의 조합을 생각하는 등 가장 좋은 방법을 모색합니다. 이미 '○○을 만들 수 있다'고 이론화(확립)되어 있는 신구(新舊) 기술을 구체적으로 신제품에 사용해 봅니다. 즉 연역적인 셈이죠.

4 단계 | 시험 제작

시험 제작품이 완성되면 사용성 실험, 고객 모니터 조사 등 설계의 문제점과 개선점을 확실히 파악합니다. 조사 단계와 마찬가지로 실험 방법과 조사 항목은 연역적으로 선정하고, 그 결과 얻은 구체적인 데이터는 귀납적으로 정리해 나갑니다.

5 단계 | 영업

시험 제작 단계에서 밝혀낸 문제점을 해소해 제품화한 후 이를 팔기 위해 발표합니다. 영업에도 연역과 귀납의 사고방식을 응용해 봅니다. 약간 확대 해석하여 신제품의 '판매성'을 몇 가지 특징에서 추상화한 '결론'이라고 생각합시다.

판매성에 강력한 임팩트가 있을 경우는 연역적으로 제안하는 것이 좋을 수도 있습니다. 예를 들어 "이번 우리 회사 볼펜은 잉크 교체 없이 영구적으로 사용할 수 있습니다"와 같이 임팩트가 강한 결론(판매성)을 먼저 말하면 상대방은 "우와! 정말? 어떻게 그럴 수 있지?"라는 반응을 보이며 관심을 가질 것입니다. 그러면 그다음에 "그 이유는……"과 같이 자세한 설명

볼펜 한 자루도 시장에 내놓기까지는 연역법과 귀납법에 따른 두 가지 방법의 추론을 끊임없이 왕복하며 검증해야 한다.

을 하면, 마지막까지 제안을 흥미롭게 들어줄 것입니다.

반대로 신제품에 임팩트가 별로 없을 경우는 맨 처음에 "이번 우리 회사 볼펜의 가격은 당사 제품 대비 10% 줄어든 900원입니다"라고 해도, 고객들이 별 반응을 보이지 않을지도 모릅니다.

그럴 경우는 "최근 발매된 A사의 볼펜은 1,000원이었습니다. B사에서 새로 발매한 볼펜은 A사보다 잘 써진다는 이유로 1,100원이라는 가격을 내세웠지요. 이번에 우리 회사는 B사보다도 더 잘 써지는 펜을 개발하였습니다."와 같이 먼저 구체적으로 설명합니다. 그다음에 "반면 가격은 더 저렴한 900원입니다"라고 말합니다. B사보다도 고성능이라 더 비쌀 것이라고 예상했던 상대방은 의외라고 생각하여 흥미를 갖게 될 것입니다.

구체적인 예로 시작하여 마지막에 가장 말하고 싶은 결론(판매성)을 내놓는 귀납적인 방법을 사용함으로써 임팩트가 약한 신제품의 단점을 감출 수 있었습니다.

어떻게 보셨나요? 마지막에 나온 영업 단계는 추론하는 것이 아니므로 엄밀히 따지면 '연역'이나 '귀납'이라는 말을 사용하는 게 적절하지 않을 수도 있습니다. 하지만 '결론(추상) → 구체'를 연역, '구체 → 결론(추상)'으로 진행되는 설득 과정을 귀납이라고 해석함으로써, 연역이나 귀납이라는 사고법을 응용할 수 있는 경우를 확대해봤습니다.

앞의 조사 단계에 나왔던 설문조사만 보더라도 항목 선정은 연역적, 얻어진 데이터를 정리하는 것은 귀납적인 사고방식입니다. 이처럼 연역법과 귀납법을 조합하여 사용하면 대단히 큰 힘을 발휘합니다. 의식적으로 두 추론법을 구분해 사용할 수 있게 되면, 지금까지는 무의식적이었던 사고 프로세스가 명확해집니다. 이는 아이디어를 내거나 마케팅 전략을 짤 때 큰 도움이 됩니다.

[수학을 찬미한 사람들]

"수학을 모르는 사람이 자연의 아름다움,
아주 깊은 아름다움을 맛보기는 너무나 어렵다.
만약 자연을 알고 싶다면 먼저 자연이
말하는 언어를 알아야 할 것이다."

리처드 파인먼 Richard Phillips Feynman, 1918~1988년

수학을 모르면 자연의 가장 심원한 아름다움을 느끼기 힘들다고 말한 파인먼은 아인슈타인과 더불어 20세기 최고의 물리학자로 꼽힌다. 20세기 거시 물리학이 아인슈타인으로부터 시작된다면, 미시 물리학은 파인먼으로부터 시작된다. 파인먼은 양자전기역학이론을 재정립한 공로를 인정받아 1965년 노벨 물리학상을 수상했다. 그는 『물리법칙의 특징』, 『파인먼 씨, 농담도 잘하시네요』 등의 책을 통해 대중과 호흡하려 한 학자이기도 했다.

자연은 마치 베일을 쓴 여신과 같아서 우리 눈에 보이는 것은 자연의 겉모습에 불과하다. 자연의 베일을 벗기는 순간, 인간은 자연을 이해할 수 있다. 이 베일을 벗길 수 있는 도구는 수학이라는 자연의 본질을 설명하는 언어다. 수학을 공부한다는 것은 자연의 일부로서 나를 포함한 인간, 그리고 이 사회, 나아가 우주를 읽는 법을 배우는 일이라고 할 수 있다.

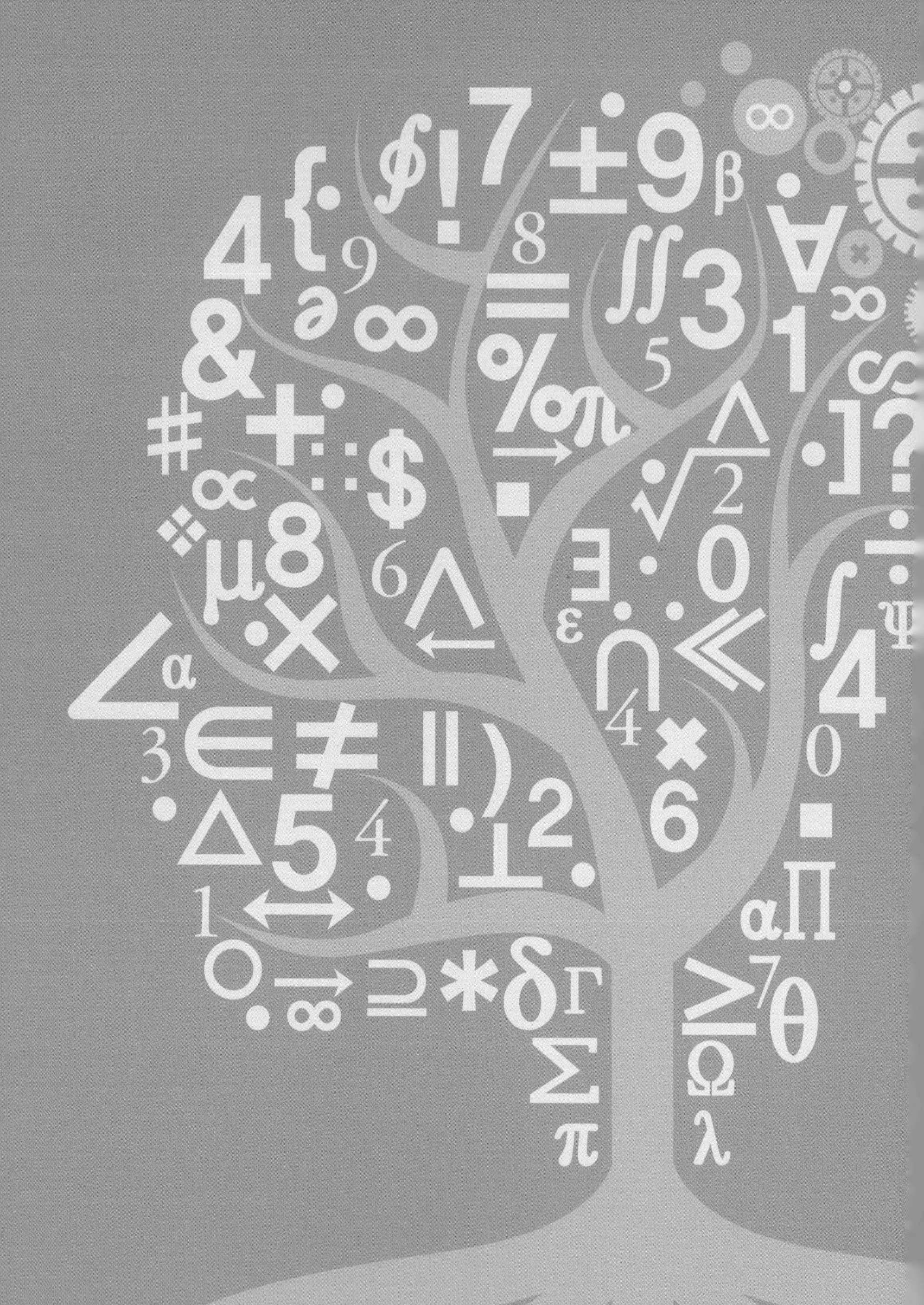

Lesson

08

MATHEMATICAL

수학적 발상법 6

반대 시점을 가진다

POTENTIAL

Lesson

08

산이 높으면 돌아서 가라

:: 초등학교 산수 시간에 배운 '역(逆)의 시점'

어떤 사물, 현상, 문제에 대해 다양한 시점을 가질 수 있게 된다는 것은 우리가 수학을 배우는 목적 중 하나입니다. 하지만 다양한 시점은 하루아침에 익숙해지는 사고방법이 아닙니다. 그래서 산수를 배울 때부터 가장 간단하게 여러 각도에서 생각하는 방법으로 '역(逆)의 시점'을 배웁니다.

초등학교 다닐 때 다음 그림과 같이 도형의 색칠된 면적(회색 부분)을 구했던 것을 기억하십니까? 어떻게 계산하셨나요? 그렇습니다. 회색 부분의 면적을 직접 구할 수는 없으므로, 전체의 정사각형에서 부채꼴 부분(흰색

부분)을 빼는 방법으로 계산했었습니다.

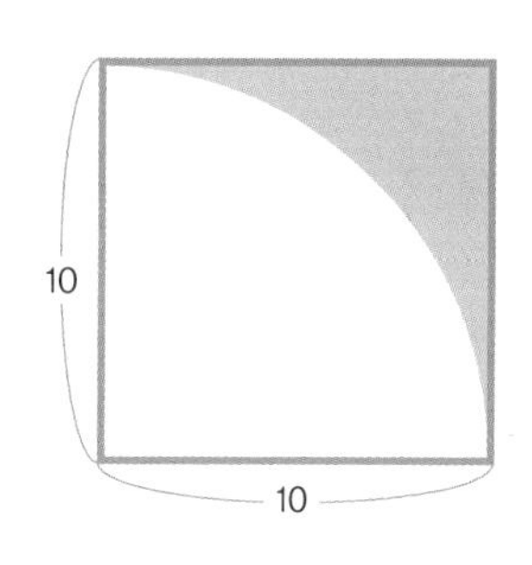

아래 그림처럼 생각하여, $100-25\pi$라는 식을 도출했습니다. 이처럼 정공법으로 해도 잘 해결되지 않을 때 시점을 달리해서 전체에서 구하는 면적 이외의 면적을 뺀다고 생각하는 것, 바로 이런 발상이 반대 시점입니다.

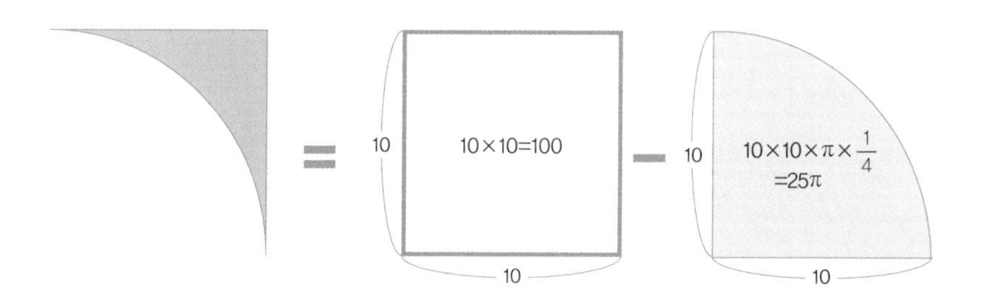

:: 바로 갈 수 없으면 돌아서 가라

수학에서 반대 시점을 가장 의식하기 쉬운 것은 경우의 수와 확률입니다. '네 개의 동전을 던졌을 때 적어도 한 개가 앞면일 확률을 구하시오'라는 문제가 있다고 합시다. 여기서 '적어도 하나가 앞면'이라는 것은 앞면이 한 개, 두 개, 세 개, 네 개인 경우를 전부 포함합니다. 그래서 모든 경우를 일일이 생각하는 것은 너무 번거롭습니다. 하지만 '적어도 하나가 앞면'인 경우의 반대는 '모두 뒷면'뿐이므로, 이 경우 생각하기가 더 수월합니다.

동전이 뒷면이 나올 확률은 $\frac{1}{2}$이므로, 네 개 모두 뒷면이 될 확률은 $\frac{1}{2}\times\frac{1}{2}\times\frac{1}{2}\times\frac{1}{2}=\frac{1}{16}$입니다.

따라서 확률은 모두 더하면 1이 되므로 구하는 확률은 $1-\frac{1}{16}=\frac{15}{16}$ 입니다. 동전 던지기 문제에서처럼 정공법으로 가면 귀찮아질 때 반대의 경우를 생각해 본다는 것은 이런 종류의 문제를 해결하는 정석인 셈입니다.

:: 분노를 진정시키는 ABC 이론

미국의 심리학자 앨버트 앨리스(Albert Ellis)가 창시한 '논리요법'(論理療法) 들어보셨나요? 앨리스가 제시한 감정 유발 프로세스(Activating Event-Belief-Consequence)의 약자를 따서 'ABC 이론'이라고도 부릅니다. 넓은 의미의 인지행동치료에서는 ABC 이론을 인지행동치료의 시초로 여기고 있습니다. 간단히 설명해 ABC 이론은 어떤 사건을 자신이 이미 가지고 있는 기존의 사고 틀에 비추어 비합리적으로 해석하기 때문에 결과적으로 정서적 문제를 경험하게 된다는 것입니다. ABC 이론에서는 분노를 조절하기 위해서 반대 시점을 가지는 것을 권장하고 있습니다.

일반적으로 감정과 그것을 유발하는 사건에는 직접적인 인과관계가 있다고 생각하기 쉽습니다. 직장에서 실수한 후에 우울한 기분을 느끼는 것이 일에서 실수했기 때문이라고 생각하는 것은 아주 자연스럽다고 할 수 있죠. 즉, 다음 그림(감정 유발 프로세스)처럼 감정의 원인을 '사건'이라고 생각하는 사람이 많을 것입니다. 하지만 ABC 이론에서는 A와 C 사이에 B(Belief : 생각, 신념)가 들어가서 어떤 감정이 발생하기까지는 A → B → C와 같은 프로세스를 거친다고 주장합니다. 사건은 동일해도 이 B를 바꿀 수 있으면 다른 결과(C)를 만들 수 있다는 것이죠.

ABC 이론에 의하면 분노는 사건(외부 상황)에 대한 결과로 발생하기보다는, 이미 가지고 있는 기존의 사고 틀에 비추어 비합리적으로 해석하기 때문에 발생하는 것이다.

[감정 유발 프로세스]

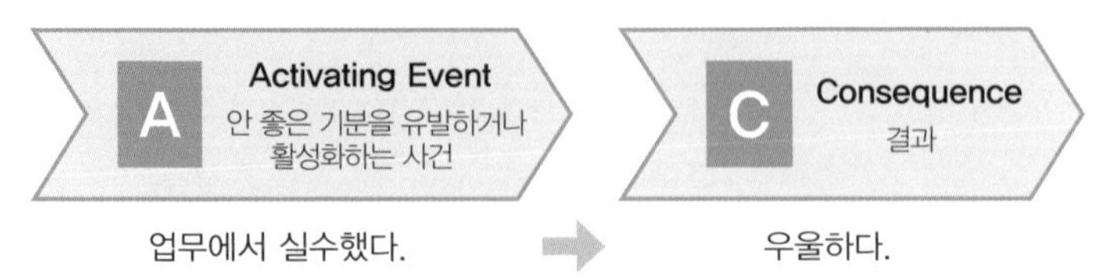

[ABC 이론의 감정 유발 프로세스]

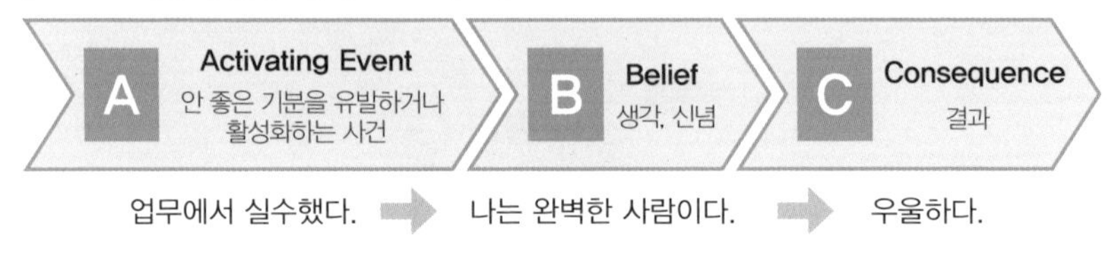

:: 수학적 사고를 받아들이면 화낼 일이 없어진다!

같은 사건(A)을 다른 결과(C)로 유도하는 생각(B)에는 다음의 두 가지 종류가 있습니다.

- 논리적인 사고(RB : Rational Belief)
- 비논리적인 사고(IB : Irrational Belief)

논리적인 사고에 의해 초래된 결과(C)는 '건강'한 부정적인 감정인 것에 비해, 비논리적인 사고에 의해 초래된 결과(C)는 '건강하지 않은' 부정적인 감정이 되는 경향이 강하다고 합니다.

그럼 어떤 생각이 비논리적인 사고일까요? 앨리스는 비논리적인 사고에는 다음의 세 종류가 있다고 말합니다.

- 자신에 대해 '절대로(반드시) ~해야 한다'는 생각

예) 자신은 시험에서 반드시 좋은 점수를 받아야 한다.

- 타인에 대해 '절대로(반드시) ~해야 한다'는 생각

  예) 그는 내 선물을 받고 반드시 기뻐해야 한다.

- 이 세상, 사회, 인생에 대해 '절대로(반드시) ~해야 한다'는 생각

  예) 전철은 반드시 시간표에 맞춰 운행되어야 한다.

수학에서도 분명 '절대로 있을 수 없다', '존재하지 않는다' 등을 제시하는 것은, 있을 수 있거나 존재하는 것을 제시하는 것보다 대체로 훨씬 어렵습니다. 그것은 모래사장 한가운데에 서서 '모래사장에 다이아몬드는 존재하지 않는다'는 것을 증명하는 어려움과 비슷합니다.

현실 세계에서 '절대로 ~이다', '절대로 ~하지 않다'와 같이 반대의 가능성을 완전히 부정할 수 있는 경우는 극히 드뭅니다. 그 증거로 논리적인 사람은 '절대'라는 말을 거의 쓰지 않습니다.

완고한 생각은 비논리적인 사고이며, 건강하지 않은 부정적인 감정(분노)은 이 비논리적인 사고에 의해 발생합니다. 물론 머리로는 잘 알고 있지만 오랫동안 습관처럼 몸에 밴 사고방식으로 인해 좀처럼 비논리적인 사고를 버릴 수 없을 때도 있겠죠. 그럴 때 ABC 이론에서는 D(Dispute : 반론, 논박, 논파)라는 단계를 제안합니다.

저는 친구나 지인들에게 "나가노는 절대 화를 안 내는구나"라는 말을 자주 듣습니다. 저 자신은 별로 자각하지 못하지만, 아마도 그것은 제가 수학에서 익힌 반대 시점에 의해 무의식중에 비논리적인 사고를 '논파'했기 때문일지도 모릅니다. 예를 들어 심야에 도로가 정체되고 있는 원인이 공

사를 위한 차선 제한이라는 것을 알게 되었을 때 '심야에는 교통이 원활해야 한다'고 생각했었기 때문에 잠깐은 초조하게 느껴집니다. 그럴 때 '대낮에 이 공사를 하면 어땠을까?'라고 자신에게 반문해 보니, '교통량이 많은 낮에 이런 공사를 한다면 정체가 심해져서 일에 차질이 생길 테지'라는 생각이 들어 곧 '차라리 밤에 공사해서 다행이네'라는데 생각이 미치게 되는 것이지요.

어렸을 때 부모님께 버릇없게 행동하면 "상대방 입장이 되어 생각하거라"는 말을 많이 듣게 되지요. 반대 입장이 되어보는 것은 다른 사람에게 피해를 주지 않을 뿐만 아니라 자신이 막다른 상황에 부닥쳤을 때 돌파구를 찾아준다는 것을, 저는 수학에서 배웠습니다. 그리고 반대 시점을 가지는 것이 당연해지면 하나의 시점을 고집하지 않게 되므로 유연하게 사고할 수 있게 되어 제3, 제4의 시점을 가질 수 있습니다. 그렇습니다. 결국 역지사지(易地思之)의 사고법은 '다양한 시점을 가진다'라는 수학의 목표에 한발 더 가까워지는 방법인 셈입니다.

처지를 바꾸어 생각해보면 부정적인 사고를 없앨 수 있을 뿐만 아니라 막다른 상황에 부닥쳤을 때 돌파구를 찾을 수도 있다.

Lesson

08

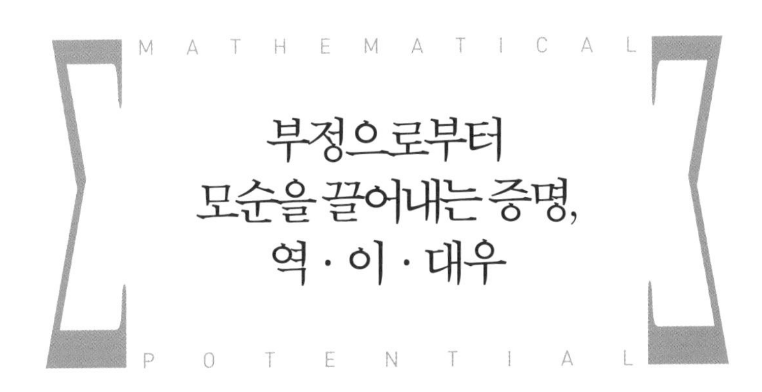

부정으로부터 모순을 끌어내는 증명, 역 · 이 · 대우

:: 생각을 180도 바꿔 참과 거짓 찾기

삶에서건 수학에서건 반대 시점에서 생각해보는 것은 사고를 유연하게 해줄 뿐만 아니라 막다른 길에 가로막혔을 때 돌파구를 찾을 수 있게 돕는 중요한 힘이 됩니다. 반대 시점의 중요성은 증명 과정에서도 체감할 수 있습니다.

'P이면(⇒) Q'라는 명제의 '반대'는 다양하게 생각할 수 있습니다.

① Q이면(⇒) P

② P가 아니면(⇒) Q가 아니다.

③ Q가 아니면(⇒) P가 아니다.

세 가지 경우를 하나씩 살펴봅시다. 먼저 어떤 것이 원래의 명제 'P이면(⇒) Q'의 반대일까요?

이해하기 쉽게 '세계의 홈런왕'으로 불린 일본의 전설적인 타자인 오 사다하루(王貞治)의 말을 예로 들어 보겠습니다.

> "노력은 반드시 보상받는다. 만일 보상받지 못하는 노력이 있다면 그것은 노력이라고 할 수 없다"_ 오 사다하루

엄격하기는 해도 정말 멋진 말입니다. 보기 드문 재능 위에 비상한 노력을 쌓아올린 오 사다하루의 입에서 나온 말이기에 더더욱 그 말에 담긴 무게가 다르게 느껴집니다. 이 지당한 말에 손을 대는 것이 굉장히 실례인 줄은 알지만, 보기 쉬운 명제의 형태로 만들기 위해 다음과 같이 뒷부분을 조금 바꿔 보겠습니다.

'외다리 타법'으로 불리는 독특한 타법으로 역대 통산 868개의 홈런 세계신기록을 기록한 일본 제일의 타자 오 사다하루.

"보상받지 못하는 노력이라면
그것은 진정한 노력이 아니다."

이 명제를 가지고 다음과 같이 세 가지 명제를 만들겠습니다.

① 진정한 노력이 아니면 그것은 보상받지 못하는 노력이다.

② 보상받는 노력이라면 그것은 진정한 노력이다.

③ 진정한 노력이면 그것은 보상받는 노력이다.

이 중에서 가장 '반대'라고 생각되는 것은 무엇인가요? 사람에 따라서는 ⇒(~이면)의 전후를 반대로 한 ①이 '반대'라고 생각할 수도 있겠고, 혹은 ②처럼 각각을 부정한 것으로 생각할 수도 있겠지요. ③을 보면서 '반대의 반대'라고도 생각할 수 있을 것입니다. 그런 감각은 사람마다 다를 수 있지만, 수학에서는 이 경우를 다음과 같이 정의합니다.

① : 역(逆) ② : 이(裏) ③ : 대우(對偶)

"왜 ②가 '역'(반대)이 아닌가요?"라고 반문하실 수도 있지만, 여기서는 그냥 넘어가 주세요. 수학은 말을 엄밀히 정의하는 학문입니다. 수학적으로 무언가를 논하려고 할 때 가장 처음에 필요한 것이 바로 '정의'입니다. 「신약성서」의 서두에 나오는 글귀인 "처음에 말이 있었으니"와 같은 방식으로 표현한다면, "수학은 처음에 정의가 있었으니"라고 할 수 있습니다. 명제에 대한 (수학의) 정의를 정리해 보면 다음과 같습니다.

- 역 : ⇒(~이면)의 전후를 반대로 한다.
- 이 : ⇒(~이면)의 전후는 바꾸지 않고 각각을 부정으로 만든다.

■ 대우 : ⇒(~이면)의 전후를 반대로 하고 또 각각을 부정으로 만든다.

이것을 그림으로 표현하면 다음과 같습니다.

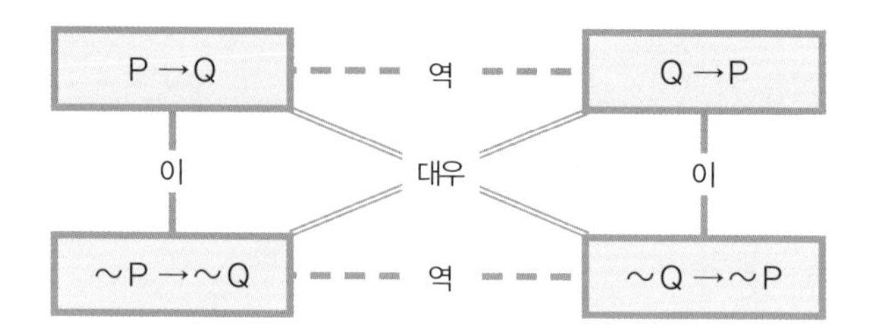

'P ⇒ (~이면) Q'는 원래의 명제입니다. '~P'나 '~Q'는 'P 바(bar)', 'Q 바(bar)'라고 읽으며 각각의 부정을 나타냅니다. 앞의 예를 다음과 같이 정리할 수 있습니다.

■ P : 노력이 보상받지 못한다.

■ ~P : 노력이 보상받는다.

■ Q : 진정한 노력이 아니다.

■ ~Q : 진정한 노력이다.

그럼 여기에서 우리에게 가장 중요한 '반대 시점'은 무엇일까요? 'P이면 Q' 명제의 '역'이라고 정의된 'Q이면 P'라고 생각하는 것도 그 명제가 필요충분조건인지를 판별하기 위해서 중요합니다. 하지만 여기서는 '대우'에 집중해보기로 합니다.

:: 수학적 반대 시점, 대우

'역'과 '이'는 학창시절 배웠던 기억이 있지만 '대우'라는 것은 처음 들어본다는 분도 있겠지요. 하지만 '대우'는 굉장히 유용한 '반대 시점'입니다. 왜냐하면, 원래 명제와 대우의 진위(眞僞)는 완전히 일치하기 때문입니다.

오 사다하루의 명제를 예로 다시 설명해보겠습니다. "노력이 보상받지 못하면 그것은 진정한 노력이 아니다"와 그 대우인 "진정한 노력이면 그 노력은 보상받는다"는 사실 완전히 같은 상황을 말하고 있습니다. 함축적인 표현이라는 점에서는 전자가 더 좋지만, 알기 쉬운 표현에 점수를 준다면 후자가 더 쉽게 느껴집니다. 이것이 대우를 생각하는 묘미입니다. 조금 더 설명해 보겠습니다.

앞서 137쪽 '순서를 지킨다'에서 '소이면(⇒) 대는 참이다'라는 설명이 있었습니다. 이것에 근거하여 생각해 볼까요. 우선, 원래의 명제 'P이면(⇒) Q'(보상받지 못하는 노력이면 그것은 진정한 노력이 아니다)가 참이면, P(보상받지 못하는 노력)는 '소'이고 Q(진정성이 없는 노력=가짜 노력)는 '대'가 됩니다. 그림으로 그려 보면 다음과 같습니다.

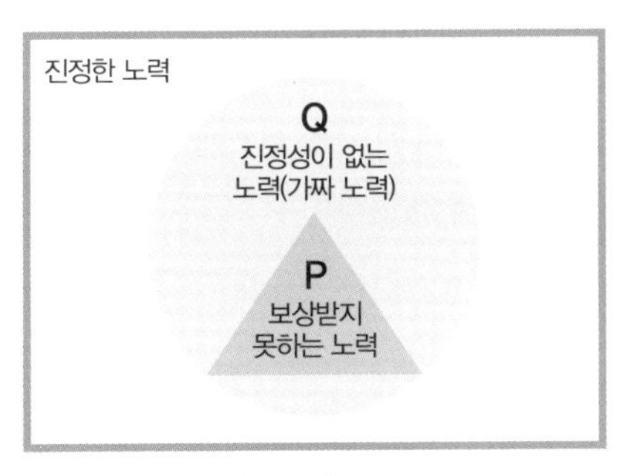

P(소) : 보상받지 못하는 노력
Q(대) : 진정성이 없는 노력(가짜 노력)

다음에 이 명제의 대우 '~Q이면(⇒)~P'(진정한 노력이면 그것은 보상받는 노력이다)를 생각해 봅시다. P가 Q보다도 작을 때 P를 부정하는 ~P는 Q를 부정하는 ~Q보다 커집니다. 예를 들어 마포구(P)는 서울시(Q)보다 면적이 작습니다. 하지만 대한민국 전체에서 볼 때 마포구 이외의 영역(~P)은 서울시 이외의 영역(~Q)보다 더 큽니다. 그림으로 하면 다음과 같습니다.

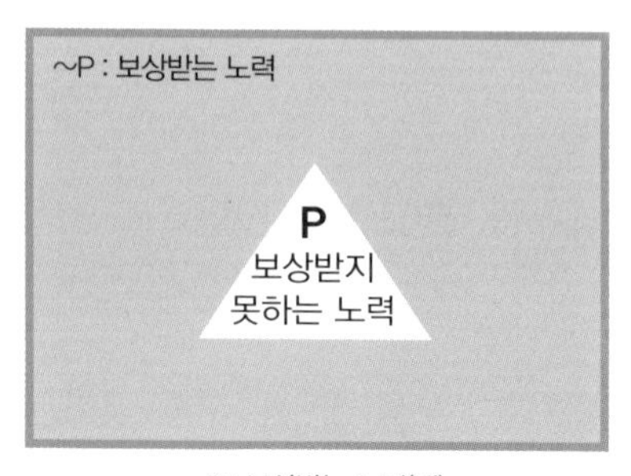

~P : 보상받는 노력(대)

~Q : 진정한 노력

Q

진정성이

없는 노력

(가짜 노력)

~Q : 진정한 노력(소)

즉, 'P(소)<Q(대)'와 '~Q(소)<~P(대)'는 동치입니다. 따라서 'P이면(⇒) Q'가 참이라면 '~Q이면(⇒) ~P'도 반드시 참입니다. 위 결과에서 알 수 있듯이 원래의 명제가 참인지 거짓인지를 판단하기 어려울 때 그 대우를 생각해 보는 것은 굉장히 효과적인 '반대 시점'입니다.

:: 대우는 긴가민가한 문제의 해결사

수학에서는 대우를 이런 식으로 사용합니다.

[문제] 다음 명제의 진위를 알아보시오.

$x^2 \leq 0$이면 $x \leq 0$

흠, 뭔가 맞는 것 같으면서도 틀린 것 같은 애매한 문제네요. 이럴 때는 대우를 생각해 봅시다. 대우를 만들려면 '~이면'의 전후를 바꾸고 각각을 부정으로 만들면 됩니다.

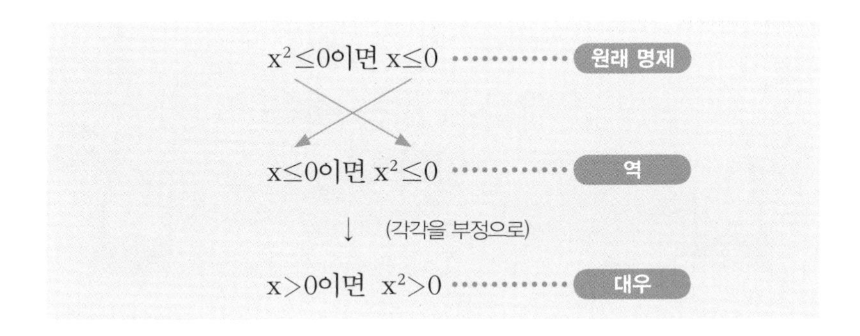

어떤가요? 원래의 명제가 참인지 거짓인지 판단하기 어려운 것에 비해서 대우는 매우 쉬워졌다는 것을 알 수 있죠. '$x > 0$이면 $x^2 > 0$'이라는 것은 의심할 여지 없이 확실한 것이므로 이 명제는 참입니다. 따라서 원래의 명제 '$x^2 \leq 0$이면 $x \leq 0$'도 참입니다.

Lesson

08

MATHEMATICAL

수학의 최고 난제, 존재하지 않는 것을 증명하라!

POTENTIAL

:: 무죄를 입증하라!

예전에 한 친구가 "수학을 너무 싫어했었는데, 졸업할 때 수학 선생님이 해 주신 말씀은 아직도 기억하고 있어"라면서 너무나 멋진 이야기를 들려주었습니다. 그 친구의 선생님은 고등학교 마지막 수업에서 이렇게 말씀하셨다고 합니다.

"수학에서 증명하는 것이 가장 어려운 게 뭐라고 생각하니? 수학에서 제일 증명하기 어려운 것은 바로 불가능하다는 것을 증명하는 일이란다. 일반적으로 가능한 것을 증명하는 것이 불가능한 것을 증명하는 것보다 훨씬 간단하지. 오늘로써 수학 수업은 마지막이지만 꼭 잊지 않기를 바란다. 너희가 앞으로 어떤 것을 하려고 하든 그것이 너희에게 불가능하다고 증명하는 것은 굉장히 어렵다는 것을 말이야."

멋진 선생님이죠. 정말 그 말씀 그대로라고 생각합니다. 저도 앞서 '있을 수 없다'와 '존재하지 않는다'는 것을 증명하기는 매우 어렵다고 말했습니다. 과거에 한 번도 성공한 적이 없다고 해서 앞으로도 영원히 성공하지 않는다고 단언할 수 없으며, 지금까지 발견되지 않았다고 해서 앞으로도 발견되지 않는다는 증거가 되지 않습니다. 그래서 수학에는 '가능성이 없는 것'과 '존재하지 않는 것'을 제시하기 위한 강력한 무기로써 '귀류법'(歸謬法)이라는 증명 방법이 있습니다.

참고로 증명에 이르기까지 수백 년이 걸린 그 유명한 페르마의 정리도 3 이상의 자연수 n에 대해서 $x^n+y^n=z^n$이 되는 자연수(x, y, z)의 조합은 '존재하지 않는 것'을 제시하는 정리입니다. 이를 증명한 앤드루 와일즈(Andrew Wiles)가 이용한 것도 기본적으로는 (물론 굉장히 고도의 방법이기는 하지만) 귀류법입니다.

'귀류법'이란 증명하고자 하는 사항의 부정을 가정하여 모순을 이끌어내는 증명의 방법입니다. 귀류법의 순서는 다음과 같습니다.

[귀류법의 순서]

① 증명하고자 하는 것의 부정을 가정한다.

② 모순을 도출한다.

'귀류법'이라는 말은 왠지 어렵다는 이미지가 있지만, 기본은 전혀 어렵

수학에서는 '있을 수 없다'와 '존재하지 않는다'는 명제를 증명하는 것이 가장 어렵다. 그림은 그리스도가 부활하는 순간을 묘사한 라파엘로의 〈그리스도의 변용〉.

범인이 아니라는 것을 증명하기 위해 범죄 현장이 아닌 곳에 있었다는 사실(알리바이)을 주장함으로써 무죄를 입증하는 방법은 귀류법에 의한 증명이다. 사진은 범죄스릴러 영화 〈유주얼 서스펙트〉의 한 장면.

지 않습니다. 범죄 드라마 등에서 경찰이 알리바이가 있는 사람은 용의 선상에서 제외하는 것도 바로 이 귀류법을 이용하는 것입니다.

목격자가 없는 어떤 사건에서 경찰이 상황 증거를 통해 A라는 용의자를 임의 동행했다고 가정합시다. A가 억울하다고 호소하려고 할 경우, 현장 목격자가 없으므로 자신이 범인이 아니라는 것을 직접 증명하는 것은 어려운 일이겠지요. 하지만 A에게는 사건이 일어난 그 날 그 시각에 현장에서 멀리 떨어진 곳에서 B라는 친구와 술을 마셨다는 알리바이가 있습니다. 그럴 때 A는 분명 이렇게 말하겠죠. "만약 제가 범인이라고 칩시다. 그런데 저는 사건 당일 그 시간에 현장에서 아무리 차를 빨리 몰아도 한 시간은 걸리는 곳에서 친구 B와 술을 마시고 있었습니다. 제가 범인이라면 그런 게 가능할 리 없잖아요. 그러니 억울하다는 겁니다."

B라는 친구에게 확인까지 받으면 A는 바로 석방됩니다. 이런 증명은 너무 당연해서 귀류법이라는 것을 의식하는 사람은 거의 없습니다. '범인이 아니다'라는 것을 직접 증명하는 것은 곤란하므로 '범인이라고 가정하면 알리바이가 있다는 점에서 모순된다'라는 논리로 억울함을 증명했습니다. 아주 훌륭한 귀류법인 셈이죠.

그 밖에도 귀류법의 예는 유명한 일화 '아르키메데스(Archimedes)의 왕관'에서도 찾아볼 수 있습니다.

:: 아르키메데스의 왕관

고대 그리스 시대, 어떤 왕이 장인에게 "순금으로 된 왕관을 만들라"고 명하면서 필요한 양의 금괴를 주었습니다. 시간이 흘러 장인은 훌륭한 왕관을 완성했고 왕은 크게 기뻐했지요.

그런데 얼마 지나지 않아 마을에는 '장인이 금에 다른 금속을 섞어서 왕에게 받은 금괴 일부를 빼돌렸다'는 소문이 났습니다. 왕관은 아주 훌륭한 솜씨로 만들어졌기 때문에 겉으로 보기만 해서는 불순물이 섞여 있는지 알 수 없었죠. 그래서 왕은 당대 최고의 학자였던 아르키메데스를 불러 "이 왕관이 순금으로 된 것인지 조사하라"고 명했습니다.

아르키메데스는 왕의 명을 받아들이기는 했지만 어떻게 알아봐야 하는지를 몰라서 굉장히 고민했다고 합니다.

그러던 어느 날 욕조에 몸을 담그고 있던 아르키메데스는 부력(기체나 액체 속에 있는 물체가 그 물체에 작용하는 압력에 의하여 중력에 반하여 위로 뜨려는 힘)으로 자신의 몸이 가벼워진 것(아르키메데스의 원리)을 보고 다음과 같이 조사하는 것을 생각해 냈습니다.

우선 준비 단계로 왕관과 같은 무게의 금괴와 커다란 수조를 준비했습니다. 왕관이 순금이라고 가정하면 왕관의 부피와 순금의 부피는 같겠지요. 물체가 받는 부력은 물체의 부피와 비례하므로 왕관과 순금은 같은 크기의 부

“EUREKA!”

왕관을 훼손하지 않고 순도를 조사하라는 지시를 받은 아르키메데스는 이 문제로 골머리를 앓았다. 머리나 식힐 요량으로 목욕탕에 들어간 아르키메데스는 목욕물이 넘치는 것을 보고 “유레카!”(찾았다!)라고 외쳤다.

력을 받습니다. 결국 수조 안에서도 양자의 무게는 똑같이 균형을 이루고 있어야 합니다. 하지만 실제로 실험해 보니 다음 그림과 같이 되었던 것입니다.

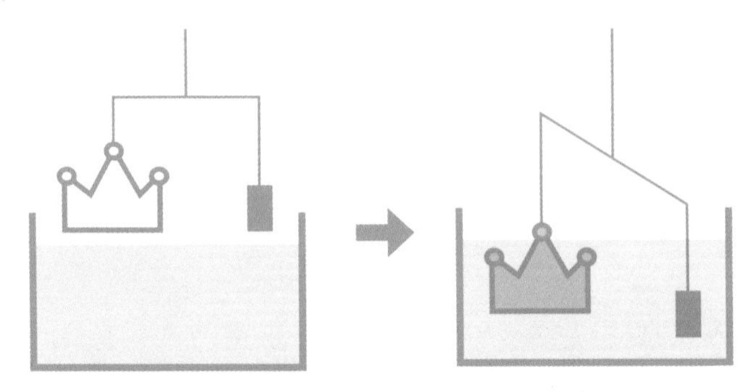

왕관과 금괴의 부피가 같다면 물속에서 둘은 같은 부력을 받는다. 따라서 왕관과 금괴를 양 끝에 매달아 물속에 넣었을 때, 금괴를 전부 사용해 왕관을 만들었다면 둘은 평형을 이뤄야 한다. 아르키메데스는 부력의 원리를 이용한 이 실험을 통해 왕관이 순금으로 된 것인지 증명했다.

수조 밖에서는 같은 무게였던 금괴와 왕관이 수조 안에서는 금괴 쪽으로 기울어진 것이죠. 왕관이 금괴보다도 더 큰 부력을 받았기 때문입니다. 이것은 '왕관이 순금인 것'(=왕관과 금괴가 같은 부피인 것)에 모순됩니다. 아르키메데스는 귀류법에 의해 왕관에 불순물이 섞여 있다는 것을 증명하여 왕에게 보고했고, 욕심에 눈이 멀었던 장인은 사형에 처했다고 합니다.

:: 귀류법의 모순

영화나 드라마에서 이런 장면을 본 적 없으신가요? 실제로는 더 세련된 대사겠지요.

여성 : "며칠 전에 그에게 고백받았어."

친구 : "너는 그를 어떻게 생각해?"

여성 : "음, 싫지는 않은데……"

친구 : "그럼 그냥 사귀면 되잖아."

여성 : "그렇게 간단한 문제가 아니지!"

친구는 여성이 그를 싫어한다고 가정하면 모순(싫어하지 않는다)되므로, '여성은 그를 좋아한다'고 결론지어 "그럼 사귀면 되잖아"라고 말한 것입니다. 친구는 바로 귀류법을 사용한 것인데, 사람의 감정이란 '좋다', '싫다'의 이원론으로는 파악할 수 없습니다. 즉, '좋다', '싫다' 이외에도 '좋지도 싫지도 않다'라는 것도 있을 수 있고, '싫다 싫다 하는 것도 좋다의 일종'이

사람의 감정처럼 이분법으로 나눌 수 없는 대상을 귀류법으로 증명하고자 할 때는 증명하고자 하는 사항 이외의 모든 선택지에 대해 '가정→모순'을 제시해야만 한다.

라는 말도 있습니다. 사람은 마음은 굉장히 복잡합니다.

이처럼 이원론으로는 파악할 수 없는 사항에 대해서 귀류법을 사용하고 싶은 경우에는, 증명하고자 하는 사항 이외의 모든 선택지에 대해서 '가정 → 모순'을 제시해야만 합니다. 어떤 수가 짝수인 것을 가정해서 모순을 찾을 수 있다면 귀류법에 의해 그 어떤 수는 홀수라고 결론 내릴 수 있습니다. 하지만 어떤 수가 3으로 나눌 수 있다는 것을 제시하고자 할 경우에는 3으로 나눠서 1 남는 것을 가정해서 모순을 찾아내는 것만으로는 충분하지 않습니다. 3으로 나눠서 2가 남는 가정도 모순이라는 것을 찾아낼 필요가 있습니다.

'이율배반'이라는 말이 있습니다. 이율배반이란 '서로 모순되는 두 개의 명제가 모두 성립하는 것'입니다. 이따금 뉴스 등에서 우리 사회의 모순 때문에 생긴(그렇다고 생각되는) 사건의 가해자에 대해서 "그는 가해자임과 동시에 피해자일지도 모릅니다" 등과 같이 평가하는 경우가 있습니다. 이 경우 '그'가 가해자인 것과 피해자인 것이라는 논리는 서로 모순되면서도 성립합니다. 또 앞서 예로 들었던 '싫다 싫다 하는 것도 좋다의 일종'이라는 표현도 넓은 의미에서는 이율배반인 셈이죠. 엄밀히 말하면 귀류법은 감정이 영향을 미치는 것에는 사용할 수 없습니다.

과거 에도막부 시절, 살생을 전제로 하는 매사냥을 제도화하면서도 살생금지령을 내린 것 역시 이율배반의 일례입니다. 이처럼 이율배반이 성립할 때 귀류법은 무력합니다. "에도막부는 '생명'을 무엇보다도 중요시했다"고 가정하면, 당시 매사냥이 인정되었던 것에 모순됩니다. 하지만 그렇다고 해서 "따라서 에도막부는 '생명'을 중요시하지 않았다"고 결론지어 버리면 이번에는 살생금지령에 모순됩니다.

귀류법은 대단히 강력한 논법이기 때문에 익숙해지기만 하면 어디에든 사용하고 싶어집니다. 하지만 이러한 함정이 있다는 것을 잊어서는 안 됩니다. 이 밖에도 선택지가 있는데도 불구하고 굳이 어떻게든 이원론인 것처럼 논하며 귀류법에 의해 잘못된 방향으로 이끄는 이상한 '논리'가 세상에 넘쳐납니다.

이율배반이라는 개념은 독일의 철학자 칸트가 처음 사용했다. '동등하게 합리적이면서 모순되는 결론'이라는 이율배반적 상황에는 귀류법을 적용할 수 없다.

지금까지 설명했던 반대 시점이란, 바꿔 말하면 '그렇지 않은 경우'를 생각하는 시점입니다. 평소에 다른 가능성이 또 있는지를 생각하는 습관을 들이는 것은 귀류법의 잘못된 사용을 간파하는 것에도 도움이 될 것입니다.

그리고 이율배반이 성립할 때 귀류법을 이용하는 것은 애초에 난센스입니다. 이율배반(안티노미 : Antinomy)이라는 말은, 독일 관념론 철학의 선조라 불리는 임마누엘 칸트(Immanuel Kant)가 '동등하게 합리적이면서 모순되는 결론'을 기술하는 데 이용하면서 널리 알려지게 되었습니다. 이율배반이 되는 사례에 귀류법은 사용할 수 없지만, 이율배반을 단순한 모순으로 가볍게 여길 수도 없습니다. 당연시했던 상황이나 논리에 대해 반대 시점을 고민하다 보면 이율배반을 간파하는 안목을 키울 수 있습니다.

Lesson
09

M A T H E M A T I C A L

수학적 발상법 7
미적 감각을 기른다

P O T E N T I A L

Lesson

09

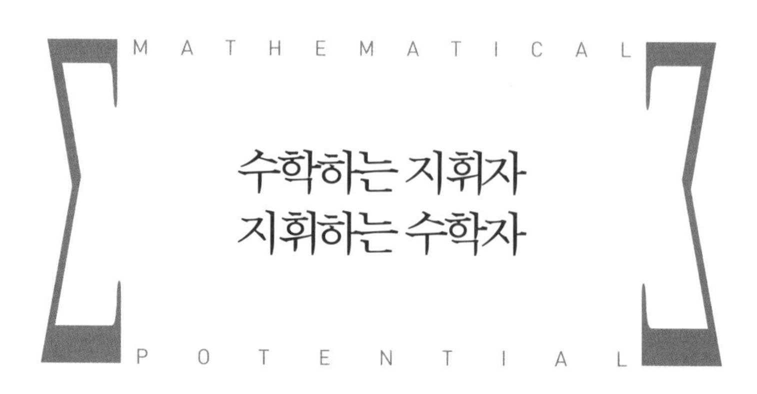

수학하는 지휘자 지휘하는 수학자

:: 음악과 수학은 닮았다!

저는 프로 지휘자로도 활동하고 있는데 여러 사람으로부터 "수학 학원과 지휘라니, 동시에 두 가지 일하기가 쉽지 않겠어요"와 같은 말을 자주 듣습니다. 하지만 저는 전혀 다른 일을 하고 있다고 생각하지 않습니다. 지휘자로서 스코어(오케스트라가 여러 가지 악기로 연주할 때 한눈에 곡 전체를 볼 수 있게 적은 악보=총보)를 해석하는 것과 수식을 읽고 푸는 것은 굉장히 비슷하기 때문입니다.

지휘를 체계적으로 공부하기 위해 유럽에서 유학했을 때 "너는 논리적이라서 참 좋겠다"라는 말을 자주 들었습니다. 일본의 경우, 굳이 말하자면 너무 논리만 내세우는 사람은 거북 해하고 재치나 센스 있는 사람을 떠받드는 경향이 조금 있는 것 같습니다. 하지만 유럽에서는(아마 미국도 그렇겠지만) 논리적(logical)인 것은 존경의 대상이 되어 추앙을 받습니다.

클래식 음악은 그러한 유럽적 사고에 기반을 두고 만들어진 음악입니다. 모차르트(Wolfgang Amadeus Mozart)와 베토벤(Ludwig van Beethoven), 베르디(Giuseppe Fortuino Francesco Verdi)나 푸치니(Giacomo Puccini), 말러(Gustav Mahler)와 같은 천재들이 남긴 수많은 명곡의 스코어를 해석할 때면 저는 그 안에 담긴 '논리'에 항상 감동합니다.

그렇다면 음악에 숨어 있는 '논리'는 도대체 어떤 것일까요? 바로 '화성'(하모니)입니다.

지휘자가 스코어를 해석하는 것과 수학자가 수식을 읽고 푸는 것은, 음악과 수학 안에 담긴 논리를 풀어낸다는 측면에서 상당히 닮았다.

이따금 "지휘자는 어떤 식으로 연습하나요?"라는 질문을 받습니다. 그도 그럴 것이 악기를 연주하는 사람이 어떻게 연습하는지는 웬만큼 상상이 가는데 지휘자의 연습(?)이라는 것은 상상하기 어렵습니다.

지휘자에도 여러 가지 유형의 사람들이 있기 때문에 전부 똑같다고는 할 수 없지만, 적어도 저는 '팔을 움직이는 방법' 그 자체를 연습하는 경우는 거의 없습니다. 솔리스트와 맞추는 것이 어려운 부분이나 박자나 속도가 바뀌는 부분은 '이런 식으로 지휘하면 어떨까?'라고 생각하는 경우는 있지만, 역시나 연습(혹은 공부)의 90퍼센트 이상은 스코어를 해석하는 것입니다.

그렇다면 스코어의 어떤 내용을 해석하는 것일까요. 그것은 주로 화성(하모니)의 진행입니다. 물론 처음에는 어디에서 무슨 악기가 연주되는지도 체크하지만, 그보다 더 주의해서 확인하는 것이 화성입니다. 왜냐하면 화성의 진행에 따라 음악을 어떻게 만들지 정해지기 때문입니다.

:: 클래식 음악은 무엇일까?

클래식과 그 이외의 음악을 한마디로 구별하기는 어렵습니다. 제가 생각하기에, 클래식과 그 이외 음악의 경계에는 '템포'가 있습니다. 템포가 일정하지 않은 것이 클래식이며 템포가 일정한 것이 클래식 이외의 음악입니다.

클래식 이외의 음악에는 대부분 드럼과 같이 리듬을 끊어 주는 악기가 들어가 있습니다. 그리고 그 리듬 악기는 기본적으로 일정한 템포를 가지므로 당연히 음악 전체의 템포가 일정해지지요. 따라서 리듬 악기를 기계로 연주시키는 것도 가능한 것입니다. 물론 클래식 이외의 음악에서도 도중에 템포가 느려지거나 빨라지는 경우도 있지만, 그것은 어떤 한 부분에 지나지 않으며 다시 템포가 안정되어 인템포(일정한 템포)로 곡이 진행됩니다.

이에 비해 클래식 음악은 마디 또는 박자 단위로 어지러울 정도로 템포가 변화합니다. 만약 클래식 곡을 메트로놈(일정하게 리듬을 알려주는 기계)에 맞도록 완전히 인템포로 연주하면 듣기 힘들 정도로 지루한 음악이 되어 곡의 매력을 거의 잃게 될 것입니다.

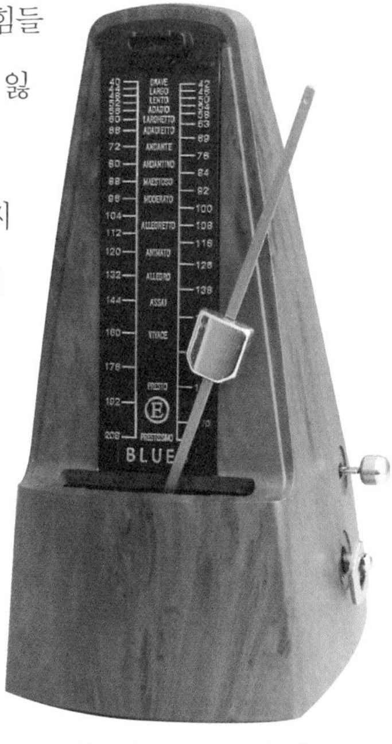

프로 오케스트라의 경우, 대부분의 곡은 지휘자 없이 맞출 수 있으므로 앙상블을 위해 지휘자가 필요한 경우는 그리 많지 않습니다. 단, 음악을 어떻게 움직일지에 대해서는 각 연주자의 생각이나 정도에 차이가 있기 때문에 지휘자 없이 연주하면 오케스트라 연주자들은 다른 사람들이 어떻게 연주하는지를 살펴보며 맞춰가게 됩니다. 결과적으로는 최대공약수 같은 평범한 연주가 되는 경우가 많지요.

템포가 일정하지 않은 것이 클래식, 템포가 일정한 것이 클래식 이외 음악이다.

지휘자의 가장 중요한 역할은 음악을 어떻

게 만들어 갈지를 제시하는 것입니다.

지휘자가 "이쪽으로"라고 음악의 진행 방향을 제시하면 그때야 비로소 오케스트라는 안심하고 과감하게 표현에 집중할 수 있지요. 물론 음색이나 말로 표현하기 힘든 음악의 뉘앙스 그 자체를 표현해 나가는 것도 지휘자의 책임이기도 합니다. 하지만 지휘자에게 요구하는 가장 큰 역할을 단적으로 말하자면 어지러울 정도로 바뀌는(바뀌어야 하는) 템포를 어떻게 움직일 것인지를 결정하는 것입니다. 단, 지휘자가 결정한다고 해도 클래식 음악을 하는 이상 아무렇게나 결정할 수는 없지요. 그 곡을 만든 작곡가가 머릿속에 떠올렸을 법한 템포의 움직임, 그 곡이 만들어진 시대나 장소에서는 '당연'했던 템포의 움직임을 상상(연구)하며 가능한 한 충실하게 재현할 수 있도록 노력합니다. 그때 가장 큰 힌트가 되는 것이 바로 화성 진행입니다.

Lesson

09

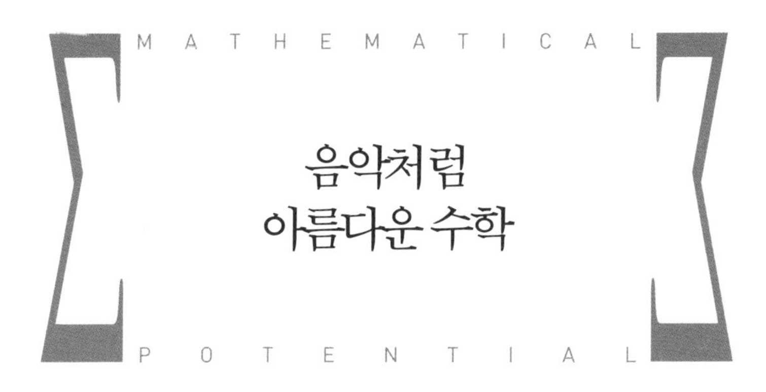

:: 음악에 담긴 논리, 화음

앞으로 이야기할 내용의 이해를 돕고자 조금 전문적인 내용이긴 하지만 화음과 화음 기호를 소개하겠습니다. 다음에 나오는 악보는 다장조와 다단조의 화음과 화음 기호입니다.

[화음과 화음 기호]

■ 장조의 화음과 화음 기호(다장조의 경우)

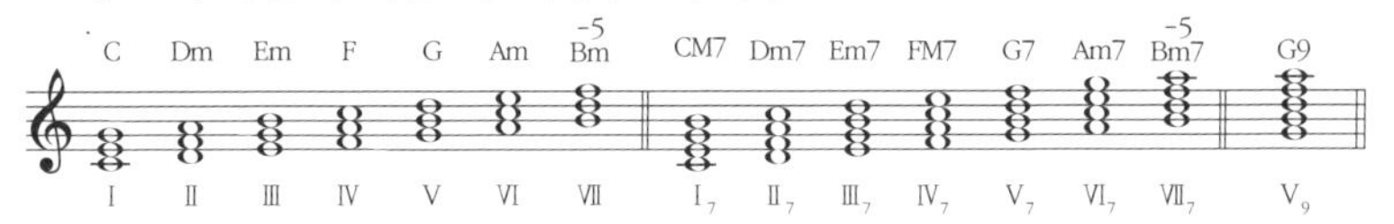

■ 단조의 화음과 화음 기호(다단조의 경우)

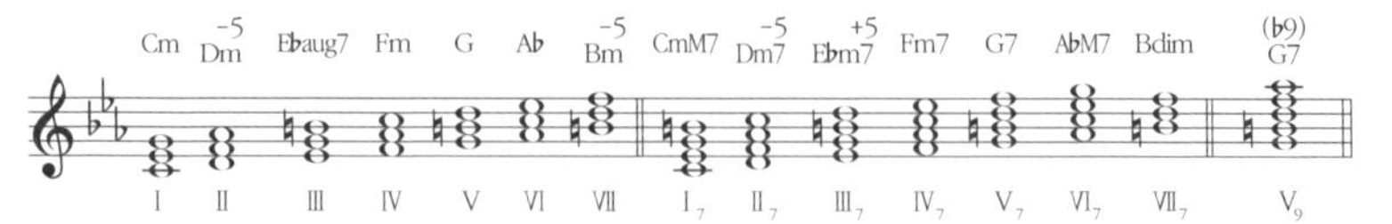

[화성 진행의 기초]

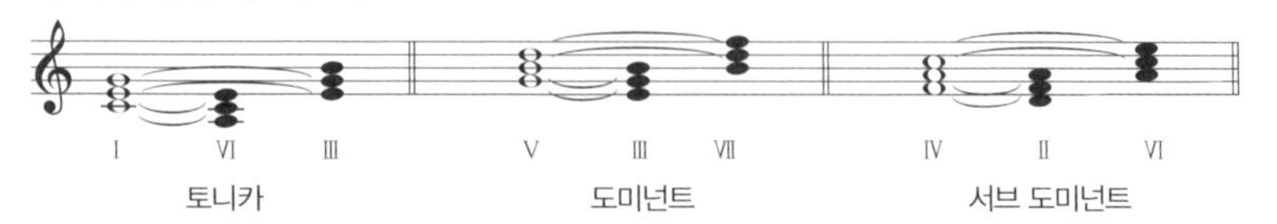

화음은 각각이 가지는 기능(역할)에 따라 분류할 수 있습니다. 특히 주요한 세 화음이 바로 토니카(으뜸화음), 도미넌트(딸림화음), 서브 도미넌트(버금딸림화음)입니다.

■ 토니카(T)

그 조(調) 안에서 중심적인 역할을 하는 화음입니다. 이 화음이 울리면 '해방', '해결', '이완' 등과 같은 인상을 주지요. '우리집'이라는 이미지에 가까우며 악곡의 마지막은 보통 토니카로 끝납니다. 집으로 돌아가듯이 말이죠. 위의 악보에 표시한 Ⅰ(다장조의 도·미·솔) 대신 Ⅵ이나 Ⅲ화음도 사용됩니다.

■ 도미넌트(D)

토니카와는 대조적으로 '긴장'이라는 인상을 주는 화음입니다. '외출'이라는 이미지에 가까우며 토니카(집으로 돌아가려는)에 이행하려고 하는 힘이 강한 것이 특징입니다. Ⅴ(다장조의 솔·시·레) 외에 Ⅲ과 Ⅶ화음도 도미넌트 역할을 합니다.

■ 서브 도미넌트(S)

도미넌트만큼 강하지는 않지만 토니카에 비하면 '긴장'의 인상을 줍니다. '발전', '외향적'인 인상이 강한 화음입니다. 도미넌트에 이행하는(더 멀리 나가는) 경우도, 토니카로 해결할(집으로 돌아오는) 때가 있습니다. Ⅳ(다장조의 파·라·도) 외에 Ⅱ나 Ⅵ도 서브 도미넌트의 역할을 합니다.

제가 스코어를 해석할 때 제일 먼저 찾는 것은 '카덴차'(cadenza : 연주를 마치기 전에 주자의 테크닉을 최대한 발휘하도록 삽입한 자유 무반주)라고 불리는 화성 진행입니다. 카덴차란 아래 세 가지의 화성 진행 중 하나를 말합니다.

[카덴차]

■ T(토니카) → D(도미넌트) → T(토니카)

■ T(토니카) → S(서브 도미넌트) → D(도미넌트) → T(토니카)

■ T(토니카) → S(서브 도미넌트) → T(토니카)

여러분에게 가장 친숙한 것은 아마도 T → S → D → T의 진행일 것입니다. 왜냐하면 이것은 인사할 때의 과정인 '일어서(T) → 차렷(S) → 경례(D) → 바로(T)'와 같은 진행 방식이기 때문입니다.

:: 마음을 울리는 음악의 비밀

자, 지금부터가 가장 중요합니다. 음악은 D(경례)의 화음으로 들어가기 전에 템포가 느려지면 굉장히 부자연스러운 느낌이 듭니다. 누구든 '차렷!'에서 길어지면 빨리 '경례'를 하고 싶은 느낌이 드는 법입니다(악기를 연주할 수 있는 분은 한 번 직접 해보시기 바랍니다).

라벨(Maurice Joseph Ravel)의 〈왼손을 위한 피아노 협주곡〉은 카덴차가 곡 전체의 5분의 1에 해당할 정도로 매우 비중이 높다. 라벨은 이 곡을 제1차 세계대전 중 부상으로 오른팔을 절단한 피아니스트 파울 비트겐슈타인(Paul Wittgenstein)을 위해 작곡했다. 연주자는 한 손으로 연주하지만, 청중은 왼손의 부재를 느낄 수 없을 만큼 곡이 유려하다. 사진은 파울 비트겐슈타인.

그런데 신기하게도 D(경례) 화음에 들어가면 이번에는 조금 템포가 느려져도 부자연스럽게 느껴지지 않습니다. 허리가 아픈 육체적인 불편은 조금 있을지도 모르겠네요. 음악적으로는 D(경례)의 길이가 S(차렷)의 두 배 정도라고 해도 위화감은 거의 느껴지지 않습니다. 반대로 D(경례)의 길이가 S(차렷)보다 짧아지면 뭔가 부족한 듯한, 선생님을 무시하는 듯한 기묘한 느낌을 받을 수 있겠죠.

단, D(경례)의 시간은 길어져도 상관없지만, 이 D의 화음이 울리는 동안은 심정적으로는 긴장감이 계속됩니다. 여기가 바로 매력적인 부분이죠. 그 긴장감 뒤에 T(바로)가 오면 한숨을 돌립니다. 그것은 '아, 돌아왔다!'라는 안도감, 기쁨과 함께 긴장이 완화되기 때문입니다.

그래서 들으면서 기분이 좋아지는 음악을 만들기 위해서는 'D의 화음에 들어가기 전에는 음악을 고조시키고, D의 화음에 들어가면 허둥대지 않고 자연스럽게 T에 착지할 수 있을 만큼의 시간을 가진다'라는 식으로 카덴차를 만드는 것(연주하는 것)이 필요합니다. 극단적으로 말하면 곡을 연주한다는 것은 카덴차에서 긴장 → 완화의 자연스러운 흐름을 만드는 것이라고 생각합니다.

지금까지 살펴본 내용은 다분히 단순화해서 정리한 것입니다. 실제 곡에서는 고전파의 곡이라 해도 D를 간단하게 찾아낼 수 없는 경우가 적지 않지요. 작곡가는 여러 가지 형태로 곡 안에 D를 만들기 때문입니다. V이외의 대리 화음으로 나타내거나, 삼온음(다장조의 파와 시 사이의 음정) 등의 생략된 형태로 나타내거나, 혹은 화음이 아닌 전조(轉調)로 만드는 D, 리듬으로 만드는 D 등도 있어 여간해서는 알 수 없는 경우가 보통입니다. 지휘자가 공부하는 최대의 목적은 그러한 다양한 D를 스코어 속에서 발견하여 작곡가가 기대한 카덴차를 만드는 것이라고 생각합니다.

곡을 들으면서 굉장히 감동하는 부분이 있다면 거기에는 항상 카덴차가 있다고 해도 과언이 아닙니다. 명곡일수록 카덴차에 이르는 화성 진행은 더욱더 훌륭합니다. 악보를 분석하다 보면, 끊임없이 이어져 온 '전통'과 작곡가의 천재성이 만들어낸 '혁신' 위에 굉장히 치밀하게 계산된 논리가 축적되어 온 것을 알 수 있습니다. 우리가 감동하는 것은 결코 우연이 아닙니다. 거기에는 감동의 이유가 명확히 있는 것이죠.

물론 사람에게 감동을 주는 음악은 논리만으로는 성립하지 않습니다. 논리 그 이전에 작곡가와 연주자가 '이것을 전하고 싶다!'라는 뜨거운 '마음'이 필요하다는 것은 말할 필요도 없겠지요.

하지만 그것은 수학 역시 마찬가지입니다. 수식은 자연계가 말해주는 '언어'입니다. 수식에는 항상 '메시지'가 담겨 있지요. 이 메시지에 귀를 기울였을 때 느껴지는 감성이 없는 수학자나 물리학자는 결코 일류 연구자가 될 수 없을 것입니다.

수학과 음악은 아름다운 논리가 있다는 점, 그것과 마주하는 인간에게 생생한 감성이 필요하다는 점이 공통점이라고 생각합니다. 실제로 저명한 수학자 중에서 음악을 사랑했던 사람들이 많이 있습니다.

일본을 대표하는 수학자 중의 한 명인 히로나카 헤이스케(廣中平祐)는 고등학교 때 음악가가 되고 싶었다고 합니다(그와 친분이 두터운 오자와 세이지와의 대담 중에서 나온 말). 피아노를 잘 치고 작곡까지 해서 친구들은 그가 음대에 진학할 것이라 생각했었다고 합니다. 하지만 그는 고등학교 2학년 때 돌연 수학에 매료되어 홀린 것처럼 수학 공부를 시작하여 결국 음악이 아닌 수학의 길로 나아갔습니다. 그는 "수학은 음악처럼 아름답다"라고 말했습니다.

아인슈타인 역시 열렬한 음악애호가였다는 사실은 널리 알려졌습니다. 한 인터뷰에서 "당신에게 있어서 죽음이란 무엇입니까?"라고 묻자 "죽음이란 더 이상 모차르트의 음악을 듣지 못하게 되는 것이다"라고 말한 것은

과학의 역사에서 가장 중요한 두 가지 공식 중 하나인 $E=mc^2$(다른 하나는 뉴턴이 만든 $F=ma$)을 만든 천재 과학자 아인슈타인은 바이올린 연주회를 열 정도의 실력파 연주자였다. 유럽의 여러 도시를 다니며 강연을 할 때도 항상 바이올린을 지니고 있었으며, 일주일에 한 번씩 현악 사중주 연주에 참여했다.

유명한 일화입니다.

가까운 예로, 제 학창시절을 돌이켜보면 이과였던 친구 중에도 음악애호가가 수없이 많았고, 의사 중에 악기를 잘 다루는 사람이 많다는 것만 봐도 알 수 있습니다. 구성원 전원이 의사(혹은 의대생)인 아마추어 오케스트라(일본의술가관현악단)도 존재합니다.

반대로 음악가 중에 수학을 좋아하는 사람의 예는 그리 많지 않습니다. 아마도 그것은 프로 음악가들의 경우 어렸을 때부터 음악 훈련에 많은 시간을 들였기 때문에 수학의 본질을 접할 기회가 없었기 때문일 것입니다.

그러나 제 주위 프로 음악가 중에는 (정작 본인은 알지 못하지만) 그 말과 행동에서 수학적 감각을 느낄 수 있는 사람들이 적잖이 있습니다. 그 또는 그녀들은 풍부한 감성과 치밀한 논리가 절묘한 균형을 이루는 훌륭한 연주를 들려줍니다.

그중에서 수학과 의학을 동시에 공부한 음악가의 예로써 주목할 만한 두 명을 소개하겠습니다. 먼저 지휘자 주세페 시노폴리(Giuseppe Sinopoli)

수학과 의학을 동시에 공부한 음악가 주세페 시노폴리(좌), 지휘자이자 로잔대학교 수학과 교수이기도 한 에르네스트 앙세르메(우).

입니다. 시노폴리는 필하모니아 관현악단의 음악감독과 드레스덴 슈타츠 카펠의 수석 지휘자를 역임한 명지휘자로 일본에도 많은 팬이 있습니다. 그는 학창시절 마르첼로 음악원에서 작곡을 전공함과 동시에 파도바대학교에서 정신의학을 공부하여 의학박사 자격까지 가지고 있습니다.

다른 한 명도 역시 지휘자로서 스위스 로망드 관현악단 등과 유수의 협연곡을 남긴 에르네스트 앙세르메(Ernest Ansermet)입니다. 그는 소르본대학교 수학과에서 공부한 후에 로잔대학교의 수학과 교수까지 역임했습니다.

제가 생각하는 두 음악가가 남긴 최고의 앨범을 하나씩 추천합니다. 기회가 되면 꼭 한 번 들어보세요. 수학하는 지휘자, 지휘하는 수학자의 작품 해석은 어떤지 생각해보는 기회가 되길 바랍니다.

Σ 수학에 매료된 음악가의 작품

추천 앨범 1 〈오페라 합창곡집〉

주세페 시노폴리(Giuseppe Sinopoli, 1946~2001년) 지휘 / 베를린 · 독일 · 오페라관현악과 합창단 / 유니버설뮤직

시노폴리는 특히 후기 로망파의 관현악곡과 오페라 연주에서 악보에 대한 예리한 통찰력을 보여줍니다. 또한 정신의학적인 관점에 근거해 작품을 독특하게 해석하는 남다른 재능을 보였습니다. 오페라에 등장하는 합창곡을 모아 놓은 이 앨범에서도 듣는 사람을 깜짝 놀라게 하는 순간을 만들어내며 인간이 가진 다양한 감정의 특징을 자유자재로 표현하여 들려줍니다.

추천 앨범 2 〈차이코프스키 : 3대 발레곡〉

에르네스트 앙세르메(Ernest Ansermet, 1883~1969년) 지휘 / 스위스 로망드 관현악단 / 유니버설뮤직

앙세르메가 이끈 스위스 로망드 관현악단이 녹음한 러시아와 프랑스 음악 앨범은 모든 곡에 있어서 '정석'으로 통할만큼 오랫동안 사랑받았으며, 녹음한 지 반세기가 지난 지금도 그 빛을 잃지 않고 있습니다. 특히 차이코프스키의 3대 발레곡은 '발레의 신'이라고 불렸던 앙세르메의 진면목이 생생히 드러나는 작품입니다. 냉정한 분석에 뒷받침된 연주는 과도하게 로맨틱하지는 않지만, 곳곳에서 소용돌이치는 듯한 즐거움을 느끼게 합니다.

Lesson

09

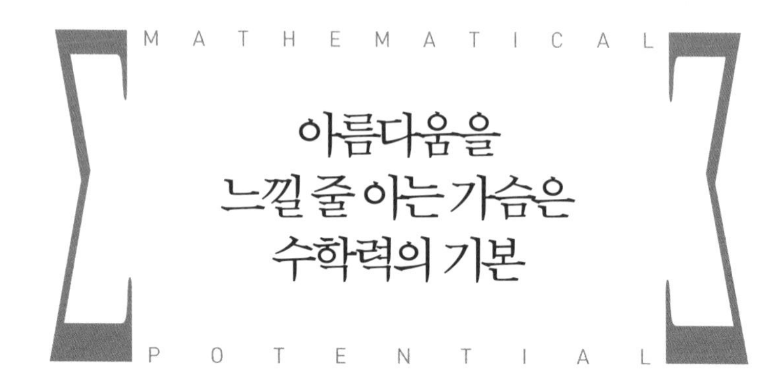

아름다움을 느낄 줄 아는 가슴은 수학력의 기본

:: 논리의 아름다움에 매료되다

이 책을 읽고 계신 여러분께서는 이미 다 아시다시피, 수학적으로 발상한다는 것은 논리적으로 생각하는 것입니다. 요즘 수학적 사고가 재조명되는 이유는 가치관이 다양화된 현대 사회에서 '자신의 머리로 생각하는 것'의 중요성이 다시금 부각되기 때문입니다. 분명 수학적으로 발상하는 것은 다양한 문제 해결에 도움이 됩니다. 하지만 수학적 사고는 문제 해결력을 높이기 위해 필사적으로 향상한다는 비장한 목적을 가지고 접근해서는 안 됩니다. 논리력을 끌어올리는 것보다 더 중요한 것은 논리적인 것을 '아름답다'

음악, 문학, 영화, 미술 등에도 수학과 일맥상통하는 논리가 있다. 비논리적으로 보이는 코미디 역시 이야기 안에 복선을 넣는 방법, 완급 조절법, 그리고 치밀하게 계산된 '반전' 등 엄정한 논리를 바탕에 두고 '웃음'이라는 감동을 만들어 간다.
사진은 찰리 채플린(Charlie Chaplin)이 출연한 〈모던 타임즈〉의 한 장면이다.

고 느끼는 마음입니다. 강박관념처럼 '논리적이어야만 한다'고 생각하다 보면 중요한 국면에 이를수록 '논리'보다는 '감각'으로 도망쳐 버리기 쉽기 때문입니다.

음악뿐만 아니라 문학이나 영화, 그림이나 조각 등 모든 예술에는 수학과 일맥상통하는 논리가 있습니다. 인간은 아무 이유 없이 감동하는 동물이 아닙니다. 논리와는 전혀 상관없어 보이는 코미디언들도 오랫동안 활동하는 사람들을 보면 모두 화술이 뛰어납니다. 이야기 안에 복선을 넣는 방법, 음악의 카덴차와 같은 '긴장과 완화', 그리고 치밀하게 계산된 '반전'에 의해 웃음이라는 감동을 만들어내지요. 분위기만으로 웃음이 통할만큼 프로의 세계가 그리 만만치 않다는 것은 시청자인 우리 눈에도 보이는 법입니다.

합리적인 것을 아름답다고 느끼는 마음, 반대로 말하면 비합리적인 것은 아름답지 않다, 기분 나쁘다고 생각하는 마음을 키우는 것은 모든 수학적 발상법 중에서도 가장 기본입니다.

:: 아름다움의 첫 번째 필요충분조건, 대칭성

고대 그리스 시대부터 좌우대칭인 것은 사람이 아름다움을 판단할 때 중요한 잣대가 되어왔습니다. 시메트리(symmetry, 대칭)로 되어 있는 것을 보면 대부분의 사람들이 반사적으로 아름답다고 느낍니다. 좌우가 완벽하게 대칭을 이루는 대상을 보면서 인간은 미의식이 선사하는 희열과 함께 커다란 쾌감을 느낍니다. 실제로 2008년 브루넬대학교(영국) 연구팀이 발표한 결과에 따르면, 사람은 연인을 찾을 때 주로 상대방의 몸이 좌우대칭인지를 보고 나서 구체적인 아름다움을 판단한다고 합니다. 이 연구 이전에도 얼굴의 각 부분이 균형을 이룰수록 아름답다고 평가됐지요. 어떤 경우든 대칭인 것이 아름다움의 기본이라는 것에 반론을 제기하는 사람은 아마 없을 것입니다. 엄마가 아이의 머리를 잘라 줄 때 "아, 오른쪽을 너무 많이 잘랐네"라고 웃으면서 왼쪽을 맞춰서 자르려다 더 짧아져 버리는 것은 좌우대칭을 의식하기 때문이겠죠.

이러한 미적 감각을 살려서 수학에서도 대칭성에 주목하는 것은 매우 의미 있는 일입니다. 왜냐하면 대칭성을 발견하거나 활용할 수 있으면 해결할 수 있는 문제가 많이 있기 때문이지요. 여기서 몇 가지 소개하겠습니다.

대칭은 아름다움을 판단하는 중요한 기준이다.
그림은 레오나르도 다빈치(Leonardo da Vinci)의 작품 〈비트루비안 맨〉. 이 작품은 다빈치가 로마의 유명한 건축가 비트루비우스(Marcus Vitruvius Pollio)의 저서에서 "인체는 비례의 모범이다"라는 내용을 접하고 드로잉한 것이다.

:: 대칭성을 수학에서 활용하기

1. 도형의 대칭을 이용한다

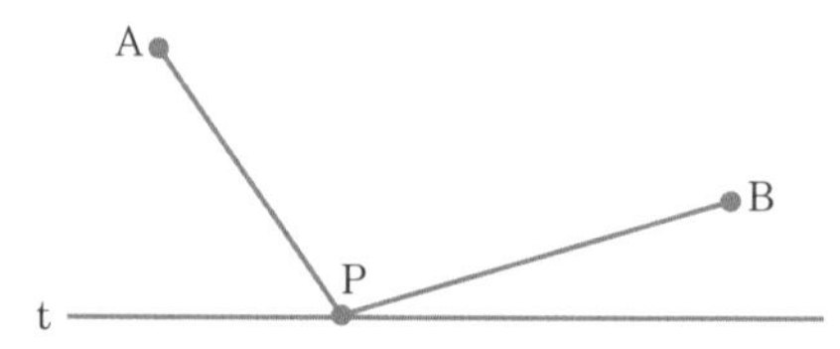

위의 그림에서 AP+PB가 가장 짧아지는 점 P를 찾으려고 할 경우, t에 관해서 B와 대칭인 점 B′ 를 생각하면 한 번에 해결됩니다.

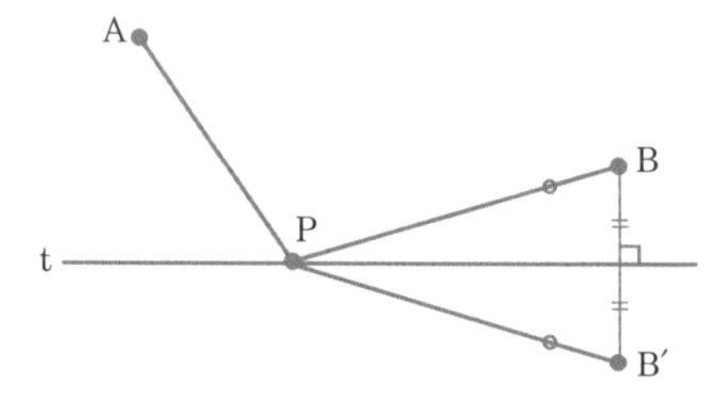

이렇게 하면 △PBB′ 는 이등변삼각형이 되므로 PB=PB′ 입니다. 즉, AP+PB=AP+PB′ 가 되지요. 두 점을 연결하는 거리는 직선이 가장 짧으므로, 아래 그림과 같이 P가 직선 AB′ 위의 점 P_0에 있을 때, AP+PB′ 의 길이가 가장 짧아지는 것은 자명합니다.

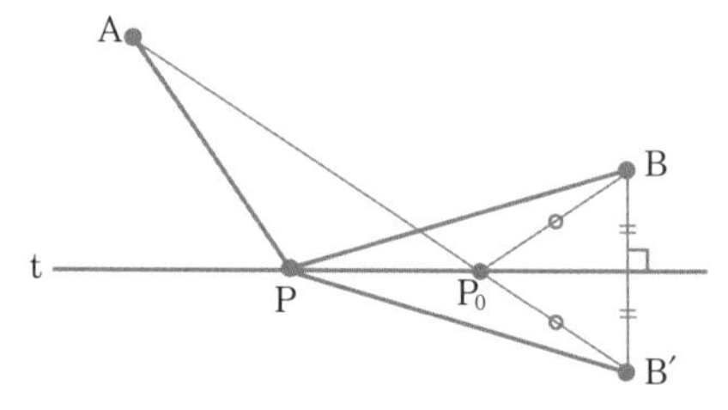

2. 식의 대칭을 이용한다

$x+y$, xy, x^2+y^2, x^3+y^3, $\frac{y}{x}+\frac{x}{y}$ 와 같이 문자를 바꿔 넣어도 동일한 식이 되

는 다항식을 대칭식이라고 합니다. 대칭식은 반드시 기본대칭식(x+y와 xy)으로 나타낼 수 있는 성질이 있습니다. 따라서 주어진 식이 대칭식이라는 것을 알면 주어진 식의 값을 구하는 문제는 다음과 같이 변형해서 기본대칭식의 값을 구하는 문제로 바꿀 수 있습니다.

$$x^2+y^2=(x+y)^2-2xy$$

$$x^3+y^3=(x+y)^3-3xy(x+y)$$

$$\frac{y}{x}+\frac{x}{y}=\frac{(x+y)^2-2xy}{xy}$$

3. 대칭적으로 설정한다

예를 들어 △ABC에 대한 증명 문제를 좌표를 설정해서 풀 때, 다음과 같이 설정해 버리면 계산이 굉장히 복잡해져 버립니다.

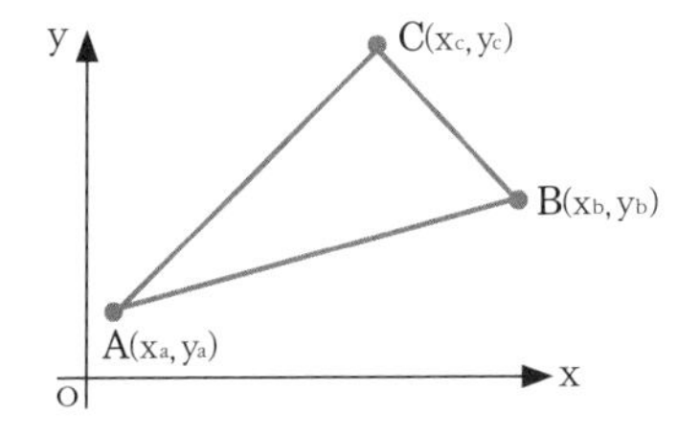

하지만 다음과 같이 AB를 x축에 겹치고 A와 B가 원점에 대해서 대칭이 되도록 좌표를 설정하면 계산이 훨씬 쉬워집니다.

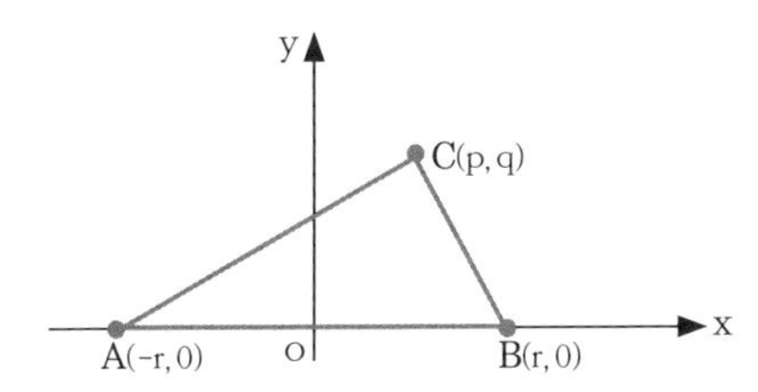

어떤 사물과 그와 대칭하는 다른 것을 한 쌍으로 하자, 숨겨진 전체가 보여서 정보량이 비약적으로 늘어나거나 작업을 반 이상 간략화할 수 있게 되었습니다. 대칭성은 실생활에서도 많은 분야에서 활용할 수 있습니다. 예를 들어 프레젠테이션 회의에 사용하는 자료에도 응용할 수 있습니다.

다음은 고등학교 『수 I 』 교과서의 단원을 정리한 자료입니다(일본 교과서 기준). 이처럼 대칭성을 사용해서 깔끔하게 정리해 나가면 복잡한 내용도 보기 쉬워집니다. 또한 대칭성 덕분에 한눈에 봐도 '수와 식'과 '도형과 계량'이 같은 계층의 대단원인 것, '실수'와 '일차부등식'이 같은 계층의 소단원인 것을 일목요연하게 알 수 있습니다.

[고등학교 『수 I 』 교과서 차례]

1. 수와 식
  수와 집합
  • 실수
  • 집합
  식
  • 식의 전개와 인수분해
  • 일차부등식
2. 도형과 계량
  삼각비
  • 예각의 삼각비
  • 둔각의 삼각비
  • 사인 정리
  • 코사인 정리
  도형의 계량
3. 2차함수
  2차함수와 그 그래프
  2차함수의 값의 변화
  • 이차함수의 최대· 최소
  • 이차방정식
  • 이차부등식
4. 데이터의 분석
  데이터의 분산
  데이터의 상관

자료를 직접 만들거나 혹은 다른 사람이 만든 것을 볼 때 모두 대칭성에 주목하면 전체를 쉽게 파악할 수 있게 됩니다.

Lesson

09

MATHEMATICAL

통일성을 지향한다

PROFICIENCY

:: 인류가 발견한 가장 아름다운 수식

혹시 인류가 지금까지 발견한 것 중에서 가장 아름답다고 알려진 수식이 뭔지 아시나요? 그것은 바로 '오일러의 공식'이라 불리는 수식입니다. 다음과 같은 형태로 되어 있습니다. 여기서 이 식을 이해할 필요는 없으므로 편하게 봐주세요.

[오일러의 공식]

$$e^{i\theta}=\cos\theta+i\sin\theta$$

이 수식은 기원이 전혀 다른 지수함수($e^{i\theta}$)와 삼각함수($\cos\theta$과 $i\sin\theta$)가 복소수의 세계에서는 밀접하게 관련되어 있다는 것을 나타냅니다. 그뿐만 아니라 오일러의 공식의 θ에 π를 대입하면 $e^{i\pi}+1=0$과 같이 변형할 수 있으며 e(자연대수의 밑)와 i(허수 단위)와 π(원주율)와 1(승법의 단위원)과 0(가법의 단위원)이라는 아주 중요한 수끼리의 관계도 알 수 있는 훌륭한 식이죠.

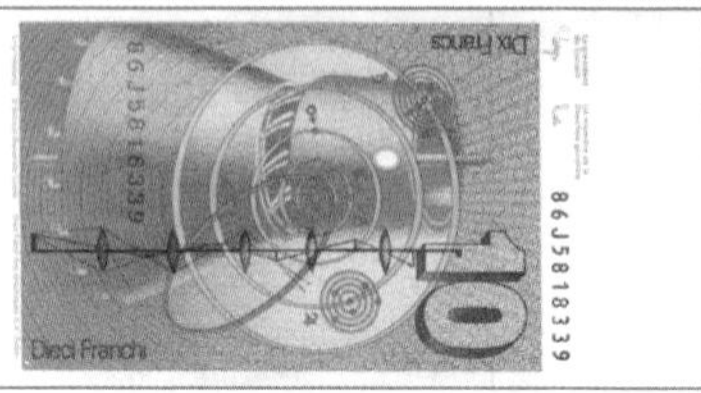

스위스의 10프랑 지폐. 앞면에는 수학자 오일러, 뒷면에는 그의 물리학 업적이 묘사되어 있다.

제2차 세계대전 이후 일본의 수학 교육에 큰 족적을 남긴 수학자 토야마 히라쿠(遠山啓)는 오일러의 공식을 '태평양과 대서양을 연결하는 파나마 운하'라고 표현했습니다. 또, 『오일러의 선물』(オイラーの贈物)의 저자 요시다 타케시(吉田武)는 허와 실, 원과 삼각을 연결하는 '신기한 고리'라고 말했으며, 미국의 물리학자 리처드 파인먼(Richard Phillips Feynman)은 '우리의 보물'이라고 말했다고 합니다.

수학을 배우는 사람에게 있어서 오일러의 공식이 아름답게 느껴지는 이유는 이 공식의 응용 범위가 실로 넓다는 점도 있지만, 출신이 다른 복수의 사물이 통일적으로 표현되었을 뿐만 아니라 아주 간단한 수식이기 때문입니다.

:: 진리는 아름답다!

19세기 초에 영국에서 활약한 시인 존 키츠(John Keats)가 쓴 〈그리스 항아리에 부치는 노래〉(Ode on a Grecian Urn)의 마지막에 "아름다움은 진리이며, 진리는 아름다움"(Beauty is truth, truth beauty.)이라는 구절이 있습니다. 아름다운 것은 진실이며 진실한 것은 아름답다는 것을 말하고 있으므로 키츠는 '아름다움⇔(동치) 진실'이라고 생각한 것이겠죠. 앞부분의 '아름다운 것은 진실이다(아름다움⇒진실)'는 제발 그랬으면 하는 바람이긴 하지만, 안타깝게도 그렇지 않은 경우도 있을 듯합니다. 하지만 뒷부분의 '진실은 아름답다(진실⇒아름다움)'라는 것은 이 시가 만들어지기도 전부터 과학자들이 쭉 생각해 왔던 것입니다.

'우주의 진리는 아름답다'라는 것은 동서고금을 막론하고 모든 과학자가 공통으로 생각하는 것이라고 할 수 있지요. 그럼 이 경우의 아름다움은 무엇일까요? 그것은 앞서 나온 오일러의 공식이 가지는 아름다움과 마찬가지로 통일성이 있으며 단순한 것입니다.

고전 예술에 관심이 많았던 영국의 시인 존 키츠는 대영박물관에 전시된 고대 그리스 항아리의 표면에 조각된 다양한 형상에서 영감을 받아 〈그리스 항아리에 부치는 노래〉를 지었다.

예를 들어 현대 물리학의 큰 주제인 '통일장이론'을 생각해 볼까요. 통일장이론은 만유인력, 전자기력, 강한 상호작용력, 약한 상호작용력 이렇게 네 가지 힘을 모두 통일하고자 하는 이론적 시도입니다. '현대 물리학의'라는 말을 썼지만, 근본적으로 자연물리학은 처음부터 이 세상의 모든 힘을 통일하는 것을 꿈꿔왔습니다. 뉴턴(Isaac Newton)과 맥스웰(James Clerk Maxwell), 또 아인슈타인 모두 이 꿈에 도전한 용기 있는 과학자들이며, 그들의 훌륭한 이론은 대부분 세계를 통일성 있게 설명하려고 도전하는 과정에서 생겨난 것입니다.

안타깝게도 그들의 꿈은 이루어지지 않았지만, 이 꿈에 도전한 것은 그들만은 아니었습니다. 유명, 무명을 불문하고 수많은 과학자가 '통일적으로 설명'하고자 하는 꿈에 인생을 바쳤지만 끝내 이루지 못했습니다.

어떻게 과학자들은 가능한지 아닌지도 모르는 꿈을 위해 평생을 바칠 수 있었던 것일까요? 그것은 '세계는 단순하고 아름답다'는 것을 마음속으로 믿고 있었기 때문입니다. 그리고 '우주를 총괄하는 아름다운 이론이 아직 발견되지 않은 것은 인간이 어리석기 때문이다'라는 것도 모든 과학자의 생각일 것입니다.

수학은 '사물의 본질을 간파하자'라는 정신 위에 성립하는 학문입니다. 하지만 아직 보지 못한 본질이 어디에 있는지 아무도 짐작하지 못하는 경우도 있겠지요. 직장이나 일상생활에서 본질을 제대로 판별하지 못하여 고민하는 경우는 적지 않을 것입니다. 찾아도 찾아도 발견되지 않을 때 대부분의 사람들은 어느샌가 더 복잡하게 생각해 버립니다. 그럴 때는 잠깐 멈춰서 보세요. 그리고 지금까지의 생각을 버린 다음에 다시 단순하게 생각해 봅시다. 본질은 복잡하지 않은 법입니다.

'수학하다'는 '사물의 본질을 파악하다'의 동의어다.

그리고 자신이 발견했다고 생각한 '본질'이 진짜인지를 판별하려면 그것이 많은 것을 통일적으로 설명할 수 있는지를 검증하기 바랍니다. 만일 어떤 특정한 경우에만 적용된다면 그것은 진정한 본질이 아닙니다.

여러분이 '그런 걸 어떻게 알아, 본질은 복잡하고 다양한 것일지도 모르지'라고 말한다면 어쩔 수 없습니다. 하지만 적어도 통일적이면서도 가능한 한 간단히 설명하고 싶다는 욕구가 대단히 수학적이라는 것은 분명합니다. 그리고 다양한 본질을 간파하기 위해서 그런 마음을 갖는 것이 틀리지 않았다는 점 역시, 지금까지의 역사가 증명해 주고 있습니다.

EPILOGUE
에.필.로.그

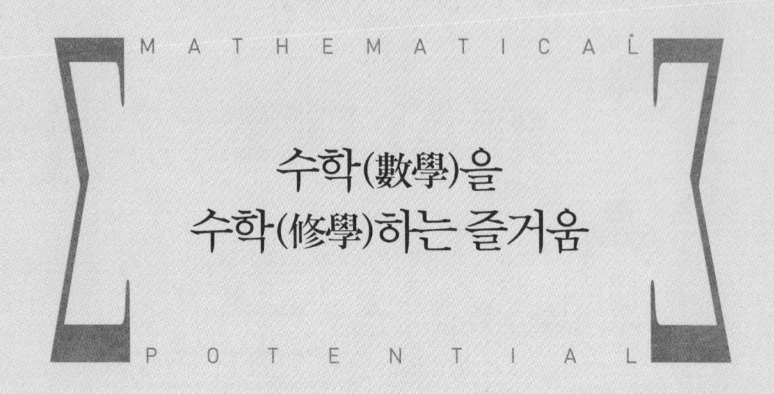

수학(數學)을 수학(修學)하는 즐거움

:: 수학적 발상의 기쁨

정말 수고 많으셨습니다. 특히나 자칭 '문과 체질'이라는 여러분이 이 책을 다 읽어 주셨다는 점에 감사와 경의를 표합니다. 지금 어떤 기분이신가요? '수학은 역시나 어렵군'이라고 생각하셨나요? 혹은 '뜻밖에 흥미로운데'라고 생각하셨나요?

책머리에서도 밝힌 바와 같이 이 책은 문과, 이과를 불문하고 누구든 가지고 있는 수학 발상법을 깨닫게 하려고 집필하였습니다. 이 책 속에 나온 내용은 전혀 새로운 발상이 아니라 누구나 무의식중에 가지고 있는 사고방식입니다.

자칭 '문과 체질'인 사람들은 대부분은 문과임을 강하게 인정한 나머지 논리적이거나 수학적인 냄새가 조금이라도 나면 과도하게 피하려는 듯이 보입니다. 하지만 수학적으로 발상하는 것은 누구라도 가능한 일입니다. 중요한 것은 그 발상의 방법을 확실히 의식하는 것입니다.

예를 들어 '필요조건에 의한 추론'(129쪽)이나 '귀류법'(256쪽)' 등은 분명 여러분도 일상적으로 사용하는 발상입니다. 그러한 자신의 사고를 의식할 수 있게 되면 더 어려운 문제도 생각할 수 있게 됩니다. 이 응용력이 익숙해지는 것이야말로 수학적인 발상법을 의식하는 묘미입니다. 이제부터는 직감으로 해결될 것 같지 않은 문제에 대해서도 뒷걸음질 칠 필요가 없습니다. 이 책에서 소개한 일곱 가지 수학적인 발상법을 이용해서 논리적으로 문제와 대치하는 기쁨과 흥분을 맛보기 바랍니다.

:: 고속도로 한가운데 세워진 정체불명의 광고판

다음에 소개하는 내용은 세계 최대의 인터넷 검색 서비스 기업 구글(Google)이 냈던 구인광고입니다. 인터넷에서 한때 화제가 된 문제라서 이미 보신 분도 있을 수 있겠지만, 이것을 수학적인 발상법을 사용해서 한 번 풀어 보고자 합니다.

2004년 초 미국 실리콘밸리의 고속도로 길가에 느닷없이 거대한 광고판이 걸렸습니다. 흰색의 광고판에는 큼직한 글자로 기괴한 문구가 적혀 있었습니다. 광고주가 누구인지, 광고하는 대상이 무엇인지, 그 문구가 무엇을 뜻하는지도 알 수 없던 대다수의 사람들은 머리를 긁적이며 광고판을 지나칠 뿐이었습니다. 그 기괴한 광고판을 여기에도 옮겨 놓았으니 한 번 살펴보시죠.

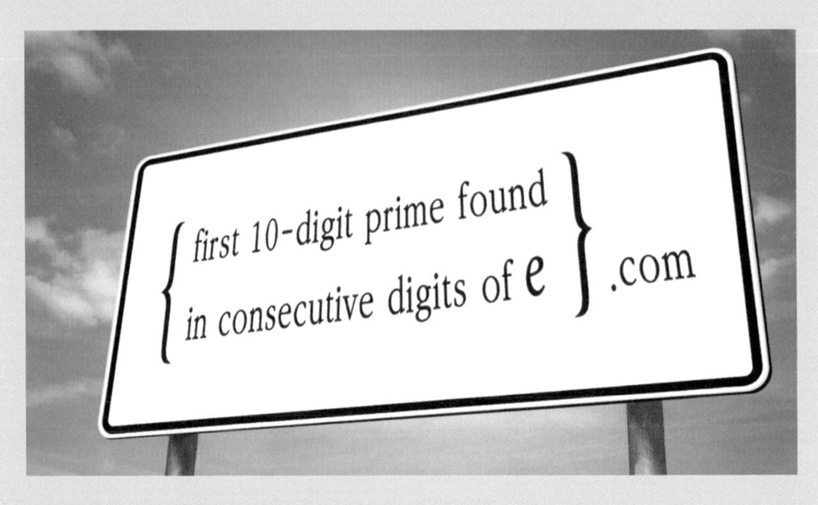

사실 이것은 구글의 구인광고였습니다. 하지만 광고판만 보고서는 알 수 없었죠. 광고판에 있는 내용을 번역하면 다음과 같습니다.

'e의 연속하는 자릿수'라는 부분에서 '무슨 말이지?'라고 생각하시는 분도 많을 것입니다. e는 자연대수의 밑(e=2.718……)을 가리킵니다. 자연대수의 밑 e란, 아래와 같은 까다로운 식에서 정의되는 수(다른 정의도 있습니다)인데 여기서는 그다지 깊게 들어가지 않겠습니다(일본에서는 고등학교 『수Ⅲ』에서 배우는 내용).

$$\lim_{h \to 0} \frac{e^{h}-1}{h} = 1$$

여기서 주목할 점은 이 e라는 값이 다음과 같이 소수점 이하가 영원히 계속되는 수(무리수)라는 점입니다. 문제를 풀려면 이 중에서 맨 처음에 나오는 10자리의 소수를 찾아야 할 것입니다.

2.71828182845904523536028747135266249775724709369995957496696762772407
66303535475945713821785251664274274663919320030599218174135966290435729
00334295260595630738132328627943490763233829880753195251019011573834
18793070215408914993488416250924476146066808226480016847741185374234544
2437107539077744992069551702761838606261331384583000752044933826560297
6067371132007093287091274437470472306969772093101416928368190255151086
5746377211125238978442505695369677078544996996794686445490598793163688
92300987931277361782154249992295763514822082698951936680331825288693
98496465105820939239829488793320362509443117301238197068416140397019837
67932068328237646480429531180232878250981945581530175671736133206981

2509961818815930416903515988885193458072738667385894228792284998920868

8058257492796104841984443634632449684875602336248270419786232090021609

9023530436994184914631409343173814364054625315209618369088870701676839

642437814059271456354906130310720851038375051011574770417189861068·····

어떤 수가 소수인지 아닌지를 구분하려면 어떻게 하면 될까요? 소수라는 것은 1과 자기 자신 이외에는 약수를 가지지 않는 자연수를 말합니다. 먼저 구체적으로 생각하겠습니다. 49라는 수의 약수를 한 번 알아볼까요.

49=1×49, 49=7×7이므로 49의 약수는 1, 7, 49입니다. 1과 49 이외에 7도 약수이므로 49는 소수가 아닙니다.

그럼 13은 어떨까요? 13이 1과 13 이외의 2~12로 나누어떨어지지 않는다면 13은 소수입니다. 한 번 해 보지요.

13÷2 = 6……1 : 나누어떨어지지 않는다.

13÷3 = 4……1 : 나누어떨어지지 않는다.

따라서 13은 소수입니다. 음, 더 안 찾아봐도 되는 건가 싶으신가요? 괜찮습니다. $3\times3<13<4\times4$는 $3<\sqrt{13}<4$이므로 만일 13이 소수가 아니라면 반드시 3 이하의 소수를 약수로 가져야 하기 때문입니다. 이렇게 말해도 좀처럼 이해가 안 가실 것 같으니 좀 더 설명하겠습니다.

$13=x\times y$라고 해보죠. 이때 x와 y는 13의 약수입니다. 이 식은 $y=\frac{13}{x}$으로 변형 가능합니다. 즉 y는 x에 반비례합니다.

반비례 그래프는 다음과 같습니다.

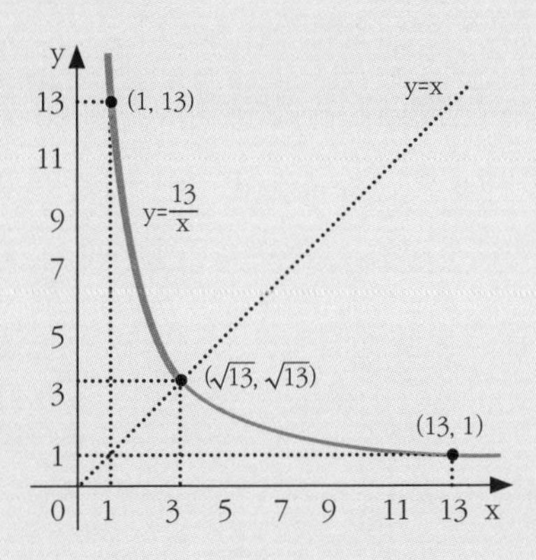

어떤 수의 약수를 찾는다는 것은 반비례 그래프상의 격자점(x좌표도 y좌표도 정수인 점)을 찾는 것과 같습니다. 그리고 반비례 그래프는 $y=x$에 관해서 대칭이므로 결국은 위의 그래프의 굵은 선에 격자점이 있는지 없는지를 찾으면 됩니다. 구체적으로는 $x \leq \sqrt{13}$ 이 부근에서 찾으면 됩니다.

조금 더 큰 수로도 연습해 볼까요. 예를 들어 151이 정수인지 어떤지를 알아보려면 2, 3, 5, 7, 11……처럼 작은 소수부터 순서대로 나누어 보면 됩니다. $12^2=144$, $13^2=169$이므로 $12\times12<151<13\times13 \Rightarrow \sqrt{151}<13$이므로 만일 151이 소수가 아니면 13 미만의 약수를 가질 수밖에 없습니다. 따라서 조사해 보는 것은 13 미만의 소수 즉 11까지만 하면 충분합니다.

$151\div2=75$……1 : 나누어떨어지지 않는다.

$151\div3=50$……1 : 나누어떨어지지 않는다.

$151\div5=30$……1 : 나누어떨어지지 않는다.

$151\div7=21$……1 : 나누어떨어지지 않는다.

151÷11=13……8 : 나누어떨어지지 않는다.

이것으로 151은 소수임을 알 수 있습니다.

지금까지 살펴본 내용을 추상화하면 어떤 수가 소수인지 아닌지는 그 제곱근 미만의 소수로 나누어 보면 알 수 있습니다. 소수의 조사 방법을 알아냈으니 본격적으로 구글의 입사시험 문제를 한 번 풀어 볼까요.

:: 구글의 입사 조건

N이 10자리의 소수라고 합시다. 이때 $N<10^{10}$이므로 $\sqrt{N}<\sqrt{10^{10}}=10^5$에서 실제로 나눗셈을 해 보는 것은 10^5미만의 소수(5자리까지의 소수)만 하면 되는 것을 알 수 있습니다. 즉 1부터 99999까지의 소수로 순서대로 나눠보면 되는 것이죠. 소수의 출현 방법은 무작위지만 인터넷 등에서 쉽게 찾아볼 수 있습니다. 1부터 99999까지의 소수는 2, 3, 5, 7, 11, 13, 17…… 99961, 99971, 99989, 99991이렇게 9,592개 있습니다.

지금부터는 엑셀 등의 표 계산 프로그램을 이용해서 정리해 나가겠습니다. 앞서 나왔던 자연대수의 수열에서 1자리씩 옮기면서 10자리씩 추출해서 셀의 가로로 배열하고 10만 이하의 소수를 세로로 배열해서 나눗셈을 실행하는 매크로를 설정하면 비교적 간단히 찾아낼 수 있습니다. 답은 아래와 같이 소수 100번째 자리쯤에 나오는 '7427466391'입니다.

e=2.718281828459045235360287471352662497757247093699959574966967627724076630353547594571382178525166427**7427466391**932……

구글이 구인광고를 냈던 당시에는 인터넷 주소창에 '7427466391.com'이라고 입력하면 또 다른 문제가 나와서 그 문제를 풀면 비로소 구글에 이력서를 보낼 수 있는 구조였다고 합니다. 이런 기상천외한 방법으로 인재를 채용하는 구글은 아마도 전 세계에서 '수학력'의 힘을 가장 잘 알고 있는 기업일 것입니다. 그러고 보니 구글이라는 사명도 10의 100제곱을 뜻하는 수학용어 구골(googol)에서 유래한 것이네요. 구글 입사시험 문제 덕분에 "역시 구글이야!"라고 생각할 정도로 즐거운 시간을 보냈습니다. 기상천외해 보였던 구인광고는 결국 아래와 같은 것을 확인하고자 했던 것이겠지요.

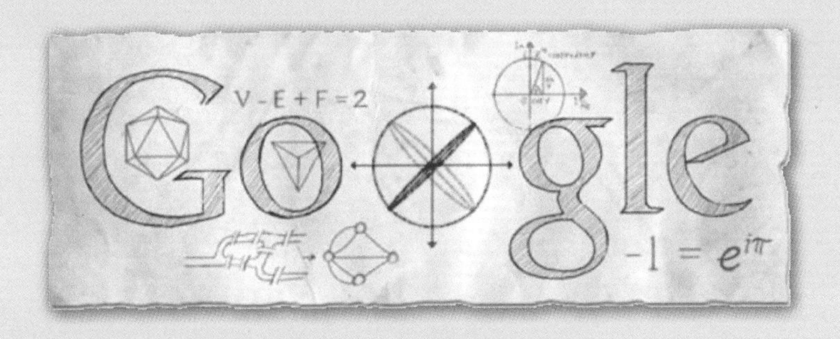

- 자연대수의 밑 e를 알고 있을 정도의 수학적 소양
- 어떤 수가 소수인지 알아보려면 어떻게 해야 하는지를 생각하는 힘
- e의 수열과 10만 이하의 소수를 찾아내는 힘
- 간단한 프로그램(표 계산 프로그램)을 사용할 수 있는 힘
- 신기한 문제를 풀어 보겠다는 지적 호기심

저는 이 중에서도 맨 마지막에 있는 '지적 호기심'을 가졌는지가 가장 중요하다고 생각합니다. 이런 문제를 직감으로 해결하려면 거의 절망적이지요. 하지만 함께 풀어본 바와 같이 '대칭성을 사용한다', '구체적으로 해 본다', '추상화한다', '정리한다' 등의 수학적인 발상법을 사용하면 그렇게 고생할 필요 없이 정답에 도달할 수 있습니다. 필요한 것은 이런 신기한 문제에 도전해 보려는 호기심, 바꿔 말하면 논리 용기가 충분한지가 구글 입사시험(?)을 돌파할 수 있느냐 없느냐의 열쇠입니다. 이 책에서 소개한 일곱 가지의 수학적인 발상법은 바로 그런 용기를 손에 넣기 위한 것입니다.

수학적인 발상법을 의식해서 사용할 수 있게 된 사람은 더 이상 수학을 못 한다는 의미의 '문과'가 아닙니다. 이제 더는 논리적으로 생각하는 것은 '문과니까 무리'라고 포기할 필요가 없습니다. 이 책을 읽고 여러분이 진정한 의미의 '문과'인 것을 자랑스럽게 여기며 당당하게 수학적으로 사고하게 되기를 간절히 바라면서 이만 펜을 놓겠습니다.

나가노 히로유키

[참고문헌]

■『시스템 현대문(システム現代文)』, 데구치 히로시(出口汪), 스이오샤

■『도쿄대 수학에서 1점이라도 더 받는 방법 : 이과편(東大数学で1点でも多く取る方法 : 理系編)』, 야스다 토오루(安田亨), 도쿄출판

■『말도 안 되게 재미있는 비즈니스에 도움되는 수학(とんでもなく面白い仕事に役立つ数学)』, 니시나리 카츠히로(西成活裕), 닛케이 BP사

■『수학 센스를 기르자 : 생활응용편(数学センスをみがこう : 生活応用編)』, 아키야마 진(秋山仁), NHK출판

■『도쿄대 수학 입시 문제를 즐긴다 : 수학의 클래식 감상(東大の数学入試問題を楽しむ : 数学のクラシック鑑賞)』, 나가오카 료스케(長岡亮介), 일본평론사

■『분노를 조절할 수 있는 사람, 못하는 사람(怒りをコントロールできる人できない人)』, 알버트 앨리스(Albert Ellis) · 레이먼드 C. 타프레이트(Raymond Chip Tafrate), 가네코쇼보

■『오일러의 선물(オイラーの贈物)』, 요시다 타케시(吉田武), 토카이대학출판회

■『성인을 위한 수학공부법(大人のための数学勉強法)』, 나가노 히로유키(永野裕之), 다이아몬드사

■『성인을 위한 중학 수학공부법(大人のための中学数学勉強法)』, 나가노 히로유키(永野裕之), 다이아몬드사

■「정신장애자에 대한 편견과 미디어의 역할(精神障害者への偏見とメディアの役割)」, 유키·에니시넷(ゆき·えにしネット)

읽어야 풀리는 수학
초판 1쇄 발행 | 2020년 8월 24일

지은이 | 나가노 히로유키
옮긴이 | 윤지희
펴낸이 | 이원범
기획 · 편집 | 김은숙, 송명주
마케팅 | 안오영
본문 · 표지 디자인 | 강선욱

펴낸곳 | 어바웃어북about a book
출판등록 | 2010년 12월 24일 제2010-000377호
주소 | 서울시 강서구 마곡중앙로 161-8 C동 1002호 (마곡동, 두산더랜드파크)
전화 | (편집팀) 070-4232-6071 (영업팀) 070-4233-6070
팩스 | 02-335-6078

ISBN | 979-11-87150-71-8 03410